JN194288

関西の国鉄

昭和30年代～ 50年代のカラーアルバム

写真／野口昭雄
解説／山田 亮

城東貨物線の築堤から撮影した153系上り準急「比叡３号」（大阪15:15ー名古屋17:54）。
◎吹田～東淀川　1959（昭和34）年7月

.....Contents

1章 東海道本線と沿線

京都～大阪のほぼ中間、山崎付近は天王山麓の古戦場で木津川、宇治川、桂川が合流して淀川となる古くからの交通の要衝である。153系「ブルーライナー」上り新快速が京都へ向かう。背後には阪急京都線と新幹線が平行し、その向こう側には淀川が流れ対岸は京阪の樟葉、牧野付近である。現在は画面左方向に島本駅がある。

2章 関西本線・紀勢本線と沿線

3章 山陽本線と沿線

はじめに

関西が私鉄王国であることはいうまでもない。昭和初期（1930年代）、現在の関西私鉄網は地下鉄などを除いてほぼできあがっていた。一方、国鉄（当時は鉄道省）は蒸気機関車（SL）の牽く「汽車ポッポ」で当時でも「古くさい」存在であった。一方、関西の私鉄は当時から洗練されており、車両、スピードはもちろんのこと集客のためのターミナルデパートや沿線行楽施設も充実し時代の先端を行っていた。梅田、難波、上本町のデパート、甲子園球場、宝塚少女歌劇はその一例である。関西の人々にとって私鉄の電車は単なる移動手段ではなく日常生活に欠くことのできない身近な存在であった。

その関西に当時の鉄道省は電車運転を決めた。それは相当な決意だったと思われる。関西における最初の省線電車は片町線（片町～四条畷、1932年12月）で次は城東線（大阪～天王寺、1933年2月）だったが、すべて20mの新車で窓の大きい斬新なスタイルの車両が投入された。

関西の省線電車の存在感を高めたのは「流電」流線形電車の登場である。1934年9月には東海道、山陽線の吹田～明石間が電化され電車が走りはじめ（長距離客車列車は蒸気機関車が牽引）阪神と阪急が、しのぎを削っていた阪神間に国鉄も参入することとなった。そこに登場した流線形電車モハ52は大きな話題となった。電化は1937年10月に京都まで延び、京阪神間が流線形の急行電車で結ばれた。

それが現在の新快速につながっていることは言うまでもない。戦前、新車が直接投入された関西の国鉄電車だが戦後は大阪快速と大阪環状線を除くと東京の「中古車」が回ってくる傾向が強く、新車を続々と投入する競合私鉄との格差は歴然であった。

国鉄は全国均一サービスという大原則があるため関西のためだけの車両を投入することはできなかった。大阪快速も東京の湘南電車、横須賀線と同じ113系であったが競合私鉄に比べ見劣りしたことは否めない。1970年10月に登場した新快速は113系であったが、1972年3月、急行形153系のブルーライナーとなりデイタイム15分間隔となった。当時の国鉄としては破格のサービスであったが、阪急京都線、京阪本線の転換クロスシートの特急車、朝夕ラッシュ時も運転される阪神、阪急、京阪の特急に比べサービス面で格差があった。それを破ったのが1980年の117系の登場でＪＲ発足後に運転時間も朝夕および夜間に拡大し、今や京阪神間の中心的交通機関とすら言われるようになった。

1970年代～ 80年代までの関西の国鉄は関東に比べバラエティーに富んでいた。大阪駅からは最新型の特急電車が発車する一方、福知山線の客車列車がディーゼル機関車に牽かれて発車し、片町線、阪和線では70年代半ばまで旧型国電が中心でその位置づけは関東の横浜、南武、青梅線などと同じで沿線の不満は強かった。関西線では70年代前半までキハ35系ディーゼル車による最小５分間隔の通勤輸送が行われ、諸外国にも例がないといわれた。

本書はそのバラエティーに富んだ1950年代後半から80年代にいたるまでの関西の国鉄の姿が野口氏の的確なカメラアイで捉えられている。この数十年間の移り変わりを楽しく回想していただきたい。

2019年9月　山田 亮

1章
東海道本線と沿線

関ケ原を通過し、上り線を垂井方面へ下ってゆくEF58牽引上り特急「つばめ」（大阪9:00ー東京16:30）。機関車も客車もライトグリーンの青大将色になっている。写真左は勾配緩和のために戦時中に開通した新垂井経由の下り線。◎関ケ原　1957（昭和32）年11月21日

東海道本線

1956(昭和31)年11月、東京〜博多間に登場した夜行特急「あさかぜ」は急行車両の寄せ集めだったが、1958(昭和33)年10月に完全空調、蛍光灯照明、空気ばね台車の20系特急客車に置き換えられ、当時の生活水準を大幅に上回り動くホテルといわれた。写真は試運転中で最後部は荷物室付き電源車マニ20、後ろから2両目が1等(当時は2等)個室寝台車ナロネ20。3・4両目が1等寝台車(プルマン式)ナロネ21形。◎1958(昭和33)年9月頃

関ヶ原から垂井に向かう上り線を行く上り客車特急「つばめ」(大阪9:00ー東京16:30)、最後部の1等展望車はマイテ39形で、その前の2等車(グリーン車)はナロ10形。1956年11月の東海道線全線電化時に特急「つばめ」「はと」はグリーンに塗られ「青大将」と呼ばれた。画面右の下り線は上り勾配(20‰)のため1944年の迂回線開通後はローカル列車用となった。◎関ケ原　1958(昭和33)年2月20日

南荒尾信号場～新垂井～関ヶ原間の迂回線を行く下り特急「つばめ」（東京9:00ー大阪16:30）、東海道本線の全線電化で客車特急「つばめ」「はと」は30分短縮の7時間30分運転となった。客車は1号車がスハニ35、2～6号車がスハ44、以下7・8号車ナロ10、9号車オシ17（食堂車）、10～12号車ナロ10、最後部13号車が展望車マイテ39。所定12両編成のところ、3等車（スハ44）が1両増結されている。◎関ケ原　1957（昭和32）年11月21日

新垂井経由の下り線を行く特急「第1こだま」（東京7:00ー大阪13:50）太平洋戦争末期の1944（昭和19）年10月、勾配緩和のために南荒尾信号場～新垂井～関ヶ原間の迂回線が開通し、勾配も10‰となって下り列車が経由したが、垂井経由（上り線となる）より2.9㎞長くなった。現在でも特急と貨物列車はこの迂回線を通る。◎新垂井～関ケ原　1959（昭和34）年5月

伊吹山をバックに走る153系の上り準急「比叡」。「比叡」は1957年にそれまでの客車準急が湘南形80系300番台となり、1959年から153系となった。1961年10月改正で大増発されて8往復となった。上本町、鶴橋から出る近鉄特急の名阪間が2時間18分、750円に対し「比叡」は630円、2時間35～40分だが、梅田（大阪駅）から乗ることができるので大好評だった。◎醒ヶ井～米原　1963（昭和38）年1月15日

南荒尾信号場～関ケ原間の上り線（下り勾配）を行く80系湘南形による上り普通電車。写真左側は南荒尾信号場（大垣～垂井間）で分岐した勾配緩和の下り迂回線。現在でも下りの特急、貨物列車はこの迂回線を経由する。◎関ケ原　1958（昭和33）年2月20日

戦時中に勾配緩和のために建設された迂回線を登り、関ケ原に近づく80系300番台10両編成の下り準急「比叡4号」（名古屋14:50－大阪17:35）。前から5両目に2等車（現・グリーン車）サロ85が連結されている。◎関ケ原　1958年11月21日

青大将塗装のEF58牽引の下り特急「つばめ」(東京9:00－大阪16:30)。1956(昭和31)年11月19日の東海道線全線電化完成に際し、東海道客車特急「つばめ」「はと」は30分スピードアップされ7時間30分運転になり、機関車も客車もライトグリーンに塗り替えられ「青大将」と呼ばれた。客車は先頭からスハニ35、スハ44と続き2等車(現・グリーン車)はナロ10、食堂車はオシ17である。◎醒ヶ井〜米原　1958(昭和33)年2月20日

彦根城を眺めながら走る下り特急「第1つばめ」（東京9:00ー広島20:10）。1962（昭和37）年6月に山陽本線が広島まで電化され、下り「第1つばめ」・上り「第2つばめ」が広島まで延長され、電車急行「宮島」（昼行、夜行各1往復）も登場した。東京～広島間894.8㎞を走破する当時世界最長の長距離電車だったが、後に名古屋～熊本間「つばめ」、大阪～青森間「白鳥」、そして東京～博多間「ひかり」でそれは破られた。◎彦根　1963（昭和38）年8月14日

米原東側の上下線が分れた付近を走る153系上り急行「第1なにわ」（大阪9:30ー東京17:00）。編成中にビュフェと2等の合造車サハシ153とリクライニングシートの1等車（現・グリーン車）サロ152が2両ずつ連結されている。彦根から関ケ原付近までは日本海側の気候で降雪地帯である。◎醒ヶ井～米原　1963（昭和38）年1月15日

彦根の米原方、佐和山城下を走る下り特急「第一富士」(東京8:00−宇野17:20)。1961(昭和36)年10月改正で東京〜宇野間に登場し、宇高連絡船に接続し四国特急と呼ばれ高松着18:40、急行「四国」乗り継ぎで松山着21:45、急行「黒潮」乗り継ぎで高知着21:37。パーラーカークロ151が先頭で、1963年8月から2等車サハ150が増結されて12両編成となった。
◎米原〜彦根　1963(昭和38)年8月

伊吹山地をバックに米原に近づくEH10牽引の下り貨物列車。EH10は東海道線の重量貨物列車用として1954（昭和29）年に登場した２車体永久連結のH形（動輪が８軸）電気機関車。黒一色で黄帯が２本入り、その力強い姿からマンモス電気機関車と呼ばれた。◎醒ヶ井〜米原　1958（昭和38）年２月20日

米原で向きが変わり名古屋へ向かうボンネット型クハ481が付いた485系特急「しらさぎ」。名古屋と金沢、富山（一部は和倉温泉）を結び米原で新幹線に接続した。2003（平成15）年に485系から683系になり、同年10月から米原発着の「加越」も「しらさぎ」に統合された。2015年3月の北陸新幹線開業で全列車が名古屋、米原～金沢間となった。◎1980年代

東海道線を行くクハ481を先頭にした特急「雷鳥」2両目は60ヘルツ用モハ480。琵琶湖東岸の大津～米原間は湖東線とも呼ばれる。

クモユニ81を先頭にした80系普通電車。1962（昭和37）年夏に東海道本線の東京地区の湘南電車に3ドアの新性能車111系が投入され、2ドアの80系電車は中京地区に転出し、この区間の客車普通列車が1962年秋に大幅に電車化された。これに伴い郵便荷物電車クモユニ81も中京地区に転出し、客車の荷物、郵便車の役割をはたすことになった。編成中央に1等車（現・グリーン車）サロ85が連結されている。◎醒ヶ井～米原　1963（昭和38）年1月15日

クハ481先頭の上り特急雷鳥。クハ481は前面スカートが赤にクリーム帯が入り60ヘルツ地区用（北陸、九州）用であることを表わすが、クハ481は60ヘルツ用モハ480・481、50ヘルツ用モハ482・483、50・60ヘルツ両用のモハ484・485のいずれとも連結できる。赤スカートのクハ481は北陸、山陽、九州で活躍した後、1985年から常磐線の特急「ひたち」に使用され、関東の電車ファンを喜ばせた。◎安土　1974（昭和49）年1月15日

有名な山科の大カーブを行くC62牽引の上り特急「はと」(大阪12:30ー東京20:30)。写真右下には京阪電鉄の京津線が走っている。この築堤と大カーブは撮影名所だったが現在では立入り不可能である。◎山科　1955 (昭和30) 年5月15日

新快速は1980（昭和55）年1月から153系から117系への置き換えが始まり、同年7月に完了した。バックは比叡山で、写真右側は京阪石坂線の架線柱。◎膳所　1980年頃

山科の東方で分岐して湖西線に入る下り485系特急「雷鳥」画面右上が長等山トンネル(3083m)の入口である。◎山科～西大津(現・大津京) 1977(昭和52)年4月

山科の大カーブを行く下り特急「第1つばめ」(東京9:00－大阪15:30)。当時山科～京都間は線路が3本あり、中央の線路は時間帯によって下り、上りを使い分けていた。バックに見える山上の建物とドームは京都大学花山天文台で、今でもこの場所にある。東海道本線の電車特急は1960年6月からパーラーカー付き12両編成になったが、翌1961年10月改正時から1等を1両減らして11両となった。◎山科～京都　1960(昭和35)年10月14日

山科付近を行く153系上り電車急行「第1よど」(大阪14:00－東京21:30)「よど」は淀川から取った愛称。東海道電車急行は1961(昭和36) 10月改正で大増発され、東京～大阪間が7時間30分となり、特急との差はわずか1時間で、自由席中心で「いつでも乗れる」と大好評であった。最後部は高運転台のクハ153 500番台でそのデザインはその後の急行、近郊形電車の標準になった。◎山科　1961(昭和36)年10月

試運転中の「はやぶさ」のバックサインを付けた20系特急客車の座席車ナハフ20。「はやぶさ」は1960(昭和35)年7月から20系客車化された。写真後方に1952(昭和27)年に完成した3代目駅舎の塔屋部分(飲食店が入っていた)が見える。東京～九州間の寝台特急は関西を深夜に通過するため、20系客車はダイヤ混乱時以外は関西では見られなかったが、1965年10月の「あかつき」(新大阪～西鹿児島・長崎)の登場により関西でも見られるようになった。◎京都　1960(昭和35)年7月8日

京都を発車する上り特急「はと」（京都発13時07分）。最後部は1等展望車マイテ49 1。同形のマイテ49 2が現在、京都鉄道博物館で保存されている。塗装はチョコレート色で1等は白帯、その前の2等車スロ60（いわゆる特ロ）は青帯が入っている。展望デッキで乗客が見送り人に挨拶をしている。◎京都　1955（昭和30）年4月9日

梅田貨物駅で入れ換えをするC12形。右側の直線線路は安治川口、桜島方面への貨物線。◎梅田貨物駅　1958（昭和33）年2月

向日町運転所（後の京都総合車両所、現在の吹田総合車両所京都支所）で整備される「しおじ」のクロハ181（中央）「雷鳥」のクハ481（左）、画面左端にはクロハ181。クロハ181はクロ181の開放室を2等座席にした車両で、後に全車がクハ181に改造された。北九州交流区間での機関車牽引のため前面の連結器カバーは外されている。向日町運転所は1964年、新幹線接続の山陽線優等列車基地として開設された。◎1967年頃

向日町運転所（後の京都総合車両所、現・吹田総合車両所京都支所）にズラリと並んだ特急車両。左からクハネ581（彗星）、クハ481-200番台（白鳥）、クハ481-0番台2両（雷鳥）、キハ82（はまかぜ）。◎向日町運転所　1977（昭和52）年9月25日

向日町運転所に待機する特急、急行電車群。左端は1970年の大阪万博を機に登場した12系客車。左から順に181系「しおじ」、153系「鷲羽」、481系「雷鳥」、581・583系「はと」。左から2番目の153系「鷲羽」は1972年3月からの新快速大増発（デイタイム15分間隔）に備えブルーライナー塗装になっている。◎向日町運転所　1971年頃

つくし
TSUKUSHI
みどり
MIDORI

向日町運転所に待機する特急、急行電車群。左から475系急行「つくし」、481系特急「みどり」、181系特急「しおじ」、165系急行「とも」、153系急行「鷲羽」（2本）。向日町運転所は大阪から山陽、九州方面への長距離列車の基地であった。◎向日町運転所　1970年頃

カンナの花がホームに咲いている向日町駅を通過する153系下り準急「比叡3号」（名古屋10:40ー大阪13:25）1959年時点では「比叡」は5往復、名阪間2時間45分。ライバルの近鉄特急は2時間35分だったが、当時の近鉄は伊勢中川乗り換えであり、安くて乗り換えのない「比叡」は人気があった。◎向日町　1959（昭和34）年7月3日

山崎駅の列車線（外側線）を通過する155系の修学旅行電車「きぼう」（先頭はクハ155-5）。「きぼう」は京阪神地区の中学生・高校生を対象とした列車で、行き昼行、帰り夜行で出発から帰着まで72時間以内（中学生の場合）に収まるように設定された。◎山崎

1962年12月末に帰省輸送のために運転された大阪～福井間の臨時急行「越前」。8両編成で後ろから3・4両目は1等車（後のグリーン車）サロ451。1等車を示す青帯が入っている。このカーブの背後には現在は巨大マンションが出現している。◎山崎～高槻　1962（昭和37）年12月29日

山崎～高槻間を快走する153系新快速。新快速は1970年10月に運転開始され、1972（昭和47）年3月から153系となり、塗装もアイボリーホワイトにスカイブルーでブルーライナーと呼ばれた。運転区間も草津～京都～姫路間となり京都～明石間は15分間隔となったが、デイタイムだけで朝夕は運転されなかった。◎山崎～高槻　1979（昭和54）年1月6日

修学旅行用155系（先頭はクハ155-6、撮影時はクハ89006）。155系は1959（昭和34）年に登場した修学旅行専用電車で、製造時はクハ89（→クハ155）、モハ82（→モハ154、モハ155）、サハ88（→サハ155）である。車内は２人掛けと３人掛けの固定クロスシートで荷棚が進行方向と直角に設けられた。東京側（田町電車区配置）が「ひので」、関西側（宮原電車区、後に明石電車区配置）が「きぼう」と命名され、朱色と黄色の塗分けで東海道を上下した。◎高槻電車区　1959（昭和34）年3月28日

117系電車は新快速用のとして1980（昭和55）年に登場し、従来の153系を置き換え、新快速としては1999年まで運行された。

外側線（列車線）と内側線（電車線）で併走する前面非貫通のクハ481−300番台を先頭とした485系特急「雷鳥」と103系普通電車西明石行き。京都〜兵庫間は方向別複々線のため電車同士あるいは電車と列車との競争を楽しめた。左側に吹田操車場が広がっている。◎岸辺

複々線区間の内側線（電車線）を行く103系の上り京都行き普通電車。1969年、翌年開催の日本万国博（大阪万博）対策の名目で103系が投入されたが、その後も旧型車と混用され全電車が新性能化（103系化）されたのは1975年9月だった。前面行先表示も単に普通と表示されただけで行き先は不明でサービス精神に乏しかった。◎茨木〜千里丘

阪急京都線と国鉄が平行する山崎（阪急は大山崎）の京都方を走る阪急6300系特急。背後の東海道線を103系普通電車が併走している。この先（画面右方向）で阪急は東海道線とアンダークロスして、東海道線の東側になり新幹線と併走する。ここは昭和戦前期に当時の新京阪（京阪電気鉄道新京阪線）の名車デイ100形とC53牽引の特急「つばめ」が競走した「古戦場」である。◎阪急京都線大山崎～長岡天神　1980年頃

前面貫通型のクハ481－200番台を先頭にした上り大阪行き特急「雷鳥」。◎山崎

湖西線開通後も急行の一部は米原を経由した。金沢発米原経由大阪行きの471、475系急行「ゆのくに」（金沢7:15ー大阪11:30、1978年10月改正時の時刻）背後は明治製菓㈱（現在は明治乳業㈱と経営統合し㈱明治）大阪工場。◎高槻〜摂津富田

東海道本線を行く「振子電車」381系特急「しなの5号」（大阪8:30ー長野14:20）。「しなの」は当時8往復で1往復だけ東海道本線に乗り入れ大阪まで直通した。名古屋〜大阪間では振子機能は使わなかったが往年の東海道電車特急の走り（最高110㎞/h）が堪能できた。1996年12月から383系電車になり、2016年3月に大阪乗り入れが廃止された。◎摂津富田

クハネ581を先頭にした581系・583系寝台特急彗星3号（宮崎19:06－新大阪9:36、列車の号数が下り奇数上り偶数になったのは1978年10月から）、新大阪から配置区の向日町運転所（後の京都総合車両所、現在は吹田総合車両所京都支所）への回送列車。B寝台のうち2両（7，8号車）は座席車扱いだった。◎摂津富田　1977（昭和52）年10月

EF651101（下関運転所）牽引の長野発大阪行き上り急行「ちくま」。1986（昭和61）年11月から14系寝台車（3段式）と12系座席車の併結のスタイルとなり、東海道線内はEF65 1000番台が牽引した。◎茨木～千里丘　1987（昭和62）年頃

151系「こだま型」の大阪発東京行き不定期特急「ひびき」(大阪16:20－東京22:50)「ひびき」は157系の不定期特急として1959(昭和34)年11月から多客期に運転されたが、非冷房のため1961(昭和36)年7月5日から9月24日までは同年10月ダイヤ改正のために早期に製造された特急増発用151系を使用し、食堂車とパーラーカーを連結した。車両前面の愛称板は「つばめ」と同じデザインである。◎摂津富田　1961(昭和36)年8月

581系と583系寝台特急「なは」(西鹿児島16:50－京都7:50、最後部はクハネ581-6)。当時の関西～九州間寝台特急で「なは」だけが京都発着だった。「なは」は沖縄本土復帰を願って命名された愛称で、その後客車特急となり、2008(平成20)年3月まで運行された。写真の左側に吹田操車場があるが、1984(昭和59)年2月の貨物輸送大幅合理化時に廃止された。◎岸辺　1980(昭和55)年4月16日

比叡山をバックに方向別複々線区間を走るEF58 60（浜松機関区）牽引の上り荷物列車。EF5860はEF5861とともにお召列車用として製造され側面のステンレス帯が特徴。機関車の後ろは車掌室付きパレット輸送用荷物車スニ41。後ろから2両目が郵便車。画面右が京阪石山坂本線。◎膳所

1961（昭和36）年10月改正で登場した初の山陰本線の特急「まつかぜ」（京都7:30－大阪発8:05－松江14:05）「まつかぜ」は京都発着であるが、大阪を経由し福知山線を経由した。写真後方右に電化されている単線が分岐している。これは東海道本線の旅客線から吹田操車場への連絡線で、この先（手前側）で旅客線の上を交差して吹田操車場へと向かう。◎茨木～千里丘　1961（昭和36）年10月8日

EF65 533（新鶴見機関区）が牽引する高速貨物列車。後ろの貨車は最高時速100km/h、空気ばね台車の高速貨車ワキ10000形とコンテナ貨車コキ10000、コキフ10000形。高速貨物列車は1966（昭和41）年10月改正で登場した。画面後方はアサヒビール吹田工場。◎吹田

EF58牽引の上り急行「雲仙2号」（長崎19:30－京都10:42）。43系および10系客車の13両編成で後半にB寝台車、食堂車（オシ17）、グリーン車（スロ54）、A寝台車（オロネ10）を連結し、AおよびB寝台、食堂車、グリーン車、普通座席車からなり「フルセット」編成といわれた。「雲仙」は1975年3月から「西海」と併結し14系座席車になったが、1980年10月改正で廃止。◎摂津富田

117系新快速は、国鉄時代はデイタイムだけの運転で朝および夕方以降は117系を２編成併結し12両で快速として運転された。この電車は12両編成だが前６両は1986年11月のダイヤ改正時に登場した117系100番台で窓が下降窓である。◎1986（昭和61）年

205系は国鉄時代末期の1986年11月改正時に京都～西明石間普通電車用として７両編成が４本投入された。オレンジカードをPRするマークをつけた普通草津行き。◎茨木～千里丘

寝台幅が70㎝に拡大された14系寝台車は1972（昭和47）年３月改正時から東京〜九州間の寝台特急（３往復）に投入されたが、同年10月から新大阪で新幹線に接続する関西〜九州間寝台特急のうち３往復に投入された。当時、国鉄と飛行機の運賃格差は大きく、長距離でも国鉄利用者が多かった。◎茨木　1972（昭和47）年10月

大阪〜長野間夜行客車急行「ちくま」。1978（昭和53）年10月改正から「ちくま」のうち夜行１往復に寝台車が連結され、客車化されて20系寝台車+12系座席車になり、1986（昭和61）年11月から寝台車が14系寝台車になった。1991年撮影時の時刻は長野23:29ー大阪8:00で、東海道線内はEF65 1000番台が牽引した。1997（平成９）年10月から383系電車となり座席車だけになったが、2003（平成15）年10月改正時に廃止された。◎茨木　1991（平成３）年４月３日

吹田操車場横を東京へ向かう上り特急「第1つばめ」(大阪9:00ー東京15;30)、1960(昭和35)年6月から東海道電車特急は4往復(こだま、つばめ各2往復)となり、パーラーカー(クロ151)、食堂車(サシ151)を連結した。先頭車が最後部になる場合は前照灯に赤いフィルターを取付け、列車の進行方向が分かる。◎吹田付近　1960(昭和35)年11月8日

方向別複線区間の外側線(列車線)を走るキハ58系の大阪発高山行き急行「たかやま1号」(大阪7:58ー高山13:18)バックの高架線は吹田操車場(現・吹田信号場)から北方貨物線への連絡線。◎吹田〜東淀川　1976(昭和51)年4月

交直両用の急行形電車（60ヘルツ用）471系は1962（昭和37）年に登場し、同年12月末に大阪〜福井間の臨時急行「越前」として運転を開始した。これは同年12月末に米原〜田村間が電化されたことで可能になった。471系は電動車（クモハ471、モハ470）の側面下部にはクリーム色の細い線が入った（50ヘルツ用451系は細線がない）。◎千里丘〜岸辺　1962（昭和37）年12月29日

川崎車輌で製造された157系「日光形」電車の試運転電車。157系は東京〜日光間の準急「日光」用として製造され、国際観光地日光への観光輸送のため特急と同じ回転式クロスシートとし、同年9月に運転を開始した。ライバルの東武鉄道は翌1960年にデラックスロマンスカー1720系を投入して対抗した。◎吹田操車場　1959（昭和34）年夏

吹田操車場付近を走る青大将色の上り特急「つばめ」。最後部は1等展望車マイテ39。現在、マイテ39 11が大宮の鉄道博物館で保存されている。「つばめ」は大阪鉄道管理局（大鉄）担当で宮原客車区、大阪車掌区が担当（食堂車は帝国ホテル）。「はと」は東京鉄道管理局（東鉄）担当で品川客車区、東京車掌区、日本食堂品川営業所が担当した。◎吹田〜岸辺　1956（昭和31）年12月

EF81 122（敦賀第2機関区）が牽引する上り寝台特急「日本海4号」（青森19:23ー大阪10:46）客車は2段式B寝台車24系25形。1978（昭和53）年10月改正で「日本海」は2往復となり、下り1号・上り4号には24系25形2段式B寝台車、下り3号上り2号には24系3段式B寝台車が使用された。◎山崎～高槻　1979（昭和54）年1月16日

ディーゼル特急「白鳥」は1961（昭和36）年10月に運転開始され、向日町運転所（後の京都総合車両所、現・吹田総合車両所京都支所）から大阪の北方貨物線を経由して大阪駅上りホームへと入線した。大阪駅は通過型配線で、同駅で折り返すことができないからである。◎大阪北方貨物線　1961（昭和36）年11月12日

試運転中の特急「はつかり」用キハ80系。先頭はキハ81 6。80系ディーゼル特急はキハ55系のエンジンと「こだま」の車体を組合せて登場したが、エンジンは従来のDMH17系を踏襲し、出力不足は否めなかった。1960（昭和35）年12月に「はつかり」として運転開始され、1968年の東北本線電化後は「つばさ」「いなほ」に使用され、最後は「くろしお」で運行された。◎吹田工場試運転線　1960（昭和35）年11月7日

架線試験車クモヤ93000。1958年にモハ51形（後のクモハ51）のモハ51 078（元モハ40 010）の台枠を利用して造られた車両で、正面は湘南スタイルの2枚窓でパンタグラフを2台搭載、屋根中央に観測用ドームもある。1960（昭和35）年11月21日に東海道線藤枝～島田間で狭軌世界最高速度175㎞/hを記録した。保存の声も高かったが1980年に廃車された。◎吹田　1959（昭和34）年8月

モハ72を種車として改造された直流区間の牽引車クモヤ90形。写真のクモヤ90形200番台（クモヤ90202）は1979年にモハ72形500番台の台車、機器を使用し車体を新製して登場した。200番台は直流車のみならず交直両用車も牽引できる。◎1980年頃

コンテナ特急「たから号」は1959（昭和34）年11月に運転を開始したコンテナ専用貨物列車。汐留～梅田の両貨物駅間をEH10形電気機関車牽引で、最高85km/h、10時間55分で結んだ。これは当時の東海道本線の夜行急行列車と平行ダイヤでほぼ同じ所要時間である。◎吹田操車場　1962（昭和37）年1月

吹田操車場試運転線を走る最初の新性能車モハ90（後に形式称号改正で101系となる）。オレンジ色の新形電車は関西でも注目されたが、当時の国鉄では通勤形電車の新車はすべて東京地区に投入された。関西では1960年10月から城東線（翌1961年4月から大阪環状線となる）に101系が投入され、1962年3月に101系化が完了したが、それ以外の線区の新性能化は大幅に遅れた。◎岸辺　1957（昭和32）年6月24日

吹田操車場で待機する111系電車の1等車（現・グリーン車）サロ111-14。111系は東海道本線の湘南地区（東京口）の通勤輸送が2ドアの80系では対応できなくなったため、1962（昭和37）年6～7月に集中投入された。次々と東京地区に新車が投入されることに関西の鉄道ファンからは不満の声もあがった。大阪快速への113系投入は1964年夏からである。◎吹田操車場　1962（昭和37）年

吹田工場から試運転に出発する山手線用クモハ101-118（川崎車両製）。塗装は黄色でカナリヤ色と呼ばれた。黄色の101系は1961（昭和36）年秋から山手線に投入され、側面に東イケ（池袋電車区）と記入されている。後方のオレンジ色101系は大阪環状線用である。◎吹田工場　1961（昭和36）年

吹田工場で試運転のため待機する165系電車のトップナンバー。先頭からクモハ165-1ーモハ164-1ークハ165-1ーモハ165-1ーモハ164-801ークハ165-2。先頭に急行、701Mと表示される。165系は勾配線区で運行を考慮し、153系と比べモーター出力を強化（120kw）し、耐寒耐雪構造とし「山岳東海形」と呼ばれた。1963年3月下旬から前年運転開始された上野新潟間の80系急行（下り弥彦、上り佐渡）に投入された。◎吹田工場　1963（昭和38）年2月21日

片町線で運行されていたクモハ73045（大ヨト、淀川電車区所属）。片町線新性能化で101系に置き換えられた車両の廃車回送と思われる。このクモハ73は外板などを張り替え、車内をデコラ張り、蛍光灯化した近代化改造車。◎吹田操車場　1976（昭和51）年10月

ラッシュ時に最後の活躍をする京都〜西明石間間普通電車の旧型車モハ72系。1960年代後半から東京地区から転入の4ドア72系電車が主力となったが、揺れが激しく車内も老朽化が目立ち、次々と新車を投入する競合私鉄との格差は歴然だった。◎吹田〜東淀川　1975（昭和50）年7月

外側線（列車線）を走る485系特急「雷鳥」最後部は貫通型のクハ481−200番台。◎吹田〜東淀川

東海道線を行く「振子電車」381系の特急「しなの5号」(大阪8:30ー長野14:20)「しなの」の大阪乗り入れは181系ディーゼル車で1971(昭和46)年4月に始まり、1975年3月から381系電車になった。1996年12月から383系電車になったが、2016年3月から大阪乗り入れがなくなり、全列車が名古屋〜長野間になった。◎吹田〜東淀川　1975(昭和50)年7月

大阪から高山線へ直通するキハ58系の急行「たかやま」(大阪8:10ー飛騨古川13:35) 1999年12月改正からキハ85系の特急「ワイドビューひだ」となる。右は吹田操車場だがすでに操車場としての機能は停止している。◎岸辺　1985(昭和60)年3月24日

東海道の夜行急行「銀河」(東京22:45ー大阪8:00)は1976(昭和51)年2月から20系特急客車に置き換えられた。最後部ナハネフ22のバックサインは当初「白紙」(麻雀になぞらえパイパンと呼ばれた)だったが後に「急行」と表示された。20系化で「銀河」から座席車がなくなり、夜の東海道を安く移動する手段は国鉄夜行高速バス「ドリーム号」と東京〜大垣間夜行電車だけになった。
◎吹田〜東淀川　1976(昭和51)年4月

摂津富田を通過して大阪に向かう14系寝台車の寝台特急上り「日本海1号」(青森16:25ー大阪7:49、1977年の時刻)1968年10月改正で登場した「日本海」は20系だったが1975年3月改正から14系寝台車となり、九州の早岐客貨車区(門ハイ)所属で広域運用が話題になった。1978年10月から青森運転所(盛アオ)の24系3段式B寝台となり下り日本海3号、上り日本海2号になった。
◎摂津富田　1978年頃

桜咲く季節の下り特急「雷鳥」最後部はボンネットスタイルのクハ481。485系「雷鳥」は2011年3月改正時に廃止され、681系・683系「サンダーバード」に統一された。写真右側の貨物線はサッポロビール茨木工場への引込線。同工場は現在、立命館大学おおさか茨木キャンパスになっている。◎茨木～千里丘

吹田機関区の一般公開日に勢ぞろいした電気機関車群。左からEF58、EF81、EF66、EF60、EF65。
◎1985（昭和60）年8月25日

新大阪駅建設現場を行くD52形蒸気機関車D52203（吹田第1機関区）が逆向きで牽引する貨物列車と80系湘南形の上り快速電車で編成中に1等車（並ロ）サロ85が見える。京阪神間の快速電車は当時デイタイム20分で一部が米原まで直通した。貨物列車は吹田操車場から梅田貨物駅への列車で「急行」表示のワム60000で編成される。◎東淀川〜大阪　1962（昭和37）年5月26日

運転開始から間もない下り特急「白鳥」（大阪8:05－青森23:50、直江津で分割して上野20:35）。白鳥は直江津で青森編成と上野編成の分割併合を行い、大阪～直江津間は２編成併結の12両（後に14両）編成となった。◎吹田～東淀川　1961（昭和36）年11月5日

大阪～東淀川（現・新大阪）間の淀川鉄橋を渡る上り準急「比叡」。「比叡」は1957（昭和32）年10月から全金属製の80系300番台となり、丸い大型ヘッドマークが特徴だった。1959年から「東海形」153系となった。◎淀川鉄橋　1958（昭和33年5月25日

建設が進む新大阪駅を通過する上り特急「はと」（大阪13:00－東京19:30）。最後部クロ151は前照灯に赤いフィルターが付けられ、最後部であることを示している。◎新大阪　1963（昭和38）年頃

新大阪駅に到着した151系上り特急「しおじ」（下関6:30ー新大阪14:35）最後部はパーラーカークロ151（後のクロ181）。「しおじ」は東海道新幹線開通の1964（昭和39）年10月ダイヤ改正時に登場した新幹線接続特急で東海道電車特急の車両を転用した。九州乗り入れ可能編成（下関～博多間で電気機関車牽引）で先頭車の連結器が露出している。◎新大阪　1964（昭和39）年10月

1958（昭和33）年11月に運転開始した特急「こだま」２往復は８両編成であったが、翌1959年12月中旬から２等（現・グリーン車）を２両、３等（現・普通車）の２両増結して12両編成とした。大阪に着いた「こだま」は塚本で分岐して宮原電車区（現・網干総合車両所宮原支所）へ向かう。先頭は1959年７月31日に藤枝～島田間で163㎞/hを記録して「チャンピオンマーク」を付けたクハ26003（クハ151−3）。◎宮原電車区への回送線　1959（昭和34）年12月28日

1953（昭和28）年から量産されたキハ45000形（後のキハ17）。クリームと青の塗分けで当時の気動車標準色だったが後に赤とクリームとなった。エンジン出力は160馬力で非力で車内も狭く座席も貧弱で、いかにもローカル線用だったが地方幹線で片道２～３時間の普通列車に使用されることもあった。◎宮原機関区　1955（昭和30）年12月11日

宮原機関区に待機するDD54形ディーゼル機関車DD54 33（福知山機関区）。DD54は西ドイツ（当時）のメーカーとの技術提携で造られた1機エンジン（1820馬力）の機関車で1966～72年に40両製造され、山陰本線、福知山線、伯備線で運行され、特急「出雲」も牽引した。しかし故障の続出で1977年までに運行が停止され、悲劇の機関車といわれる。◎宮原機関区　1976（昭和51）年1月

惜別JNRのヘッドマークを付け大阪駅10番線に到着したキハ65先頭の急行「但馬2号」(豊岡7:01ー大阪10:20、播但線経由)。国鉄分割民営化、JR発足直前である。◎大阪　1987(昭和62)年3月

大阪駅7番線停車中の神戸発京都行きの80系電車による急行電車(現在の新快速に相当)。左側の6番線からは神戸行き急行電車が発車。京阪神間の急行電車は1950(昭和25)年10月に80系電車が投入されたが、湘南色でなく戦前の流電(流線形電車)モハ52と似たマルーンの濃淡の塗分けだった。当初は京都ー神戸間30分間隔、1955年時点では20分間隔で、途中停車駅は大阪、三ノ宮だった。◎大阪　1955(昭和30)年2月5日

大阪を発車する青森行きディーゼル特急「白鳥」（大阪8:40−青森23:40、1970年時点）。1961年10月に運転開始された大阪〜青森間の日本海縦貫線特急「白鳥」は1059.5㎞（新潟経由）を走破する世界最長距離を走るディーゼル列車といわれた。バックは阪急梅田駅と新阪急ホテル。◎大阪　撮影日不明

東海道本線全線電化完成の記念ヘッドマークを付けたEF58 89（宮原機関区）が牽引する「青大将」塗装の上り「つばめ」（大阪9:00−東京16:30）。先頭のEF58 89は、後年、宇都宮運転所に配置されて上野〜黒磯間で東北本線の列車を牽引し、塗色もチョコレート色になり、現在は鉄道博物館（大宮）で保存展示されている。◎大阪　1956年11月19日

1976（昭和51）年の梅田貨物駅と大阪鉄道管理局庁舎（手前側）。画面右上に淀川が見える。大阪鉄道管理局の場所には、現在ヨドバシカメラ梅田店がある。

1976（昭和51）年の大阪駅（左）と梅田貨物駅（右）。画面上方が神戸方。

省エネ電車といわれた201系は1983（昭和58）年2～3月にスカイブルー塗装の7両編成10本（70両）が京都～西明石間普通電車に投入され、従来の103系は関西、片町線に転出し101系を置き換えた。画面左の鉄橋は塚口～尼崎港間の支線。（1981年3月末限りで旅客営業廃止、1984年1月末限りで貨物営業廃止）◎尼崎　1983（昭和58）年3月

淀川鉄橋を渡るカナリヤ色103系６両編成の福知山線大阪発宝塚行き。1981（昭和56）年４月、塚口～宝塚間電化で大阪～宝塚間に電車が運転されたが、配線の関係で大阪駅での折返しができないため、宮原電車区（現、網干総合車両所宮原支所）まで回送して折り返し、この区間は回送である。淀川鉄橋は手前から下り旅客線、上り旅客線、貨物線と３本の鉄橋が並ぶ。
◎新大阪～大阪　1981年頃

京都〜西明石間普通電車は1975（昭和50）年9月から新性能化が完了し103系になり、70年代後半から冷房車も増えてきた。六甲道を含む区間の高架化は1976年10月に完成した。バックは六甲山と山裾の住宅地。◎六甲道　1983（昭和58）年3月

1988（昭和63）年4月〜10月まで開催された「なら・シルクロード博覧会」の観客輸送のために運転された103系快速シルクロード号。運転区間は新大阪〜西九条〜天王寺〜奈良で、デイタイム20分間隔で運行された。新大阪〜西九条間は梅田貨物線を通り、大阪駅は通らなかった。◎天王寺　1988（昭和63）年

1958（昭和33）年11月に登場した151系特急「こだま」には軽食堂車（ビュフェ）モハシ150形が2両連結された。スタンド式で喫茶と軽い食事が中心で、夜の列車は酒類も提供し「走るバー」とも呼ばれた。熱源は電気コンロだけで食事は加熱を要しないサンドイッチ、コールミートなどだった。壁には「スピードメーターがあり「いま110キロ」と乗客の話題になった。3等車（普通車）との合造で奥に客室が見える。◎1958（昭和33）年

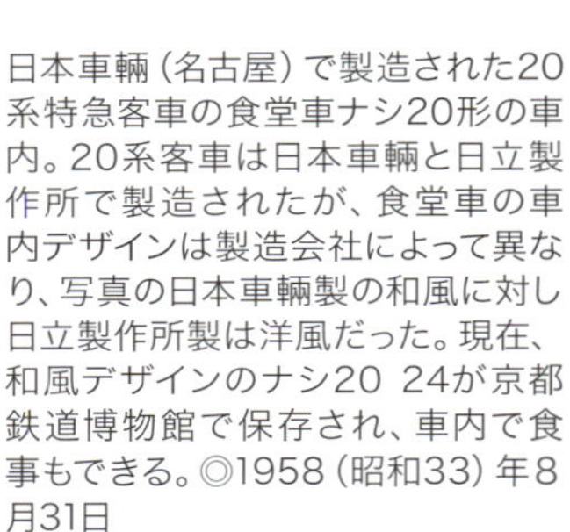

日本車輌（名古屋）で製造された20系特急客車の食堂車ナシ20形の車内。20系客車は日本車輌と日立製作所で製造されたが、食堂車の車内デザインは製造会社によって異なり、写真の日本車輌製の和風に対し日立製作所製は洋風だった。現在、和風デザインのナシ20 24が京都鉄道博物館で保存され、車内で食事もできる。◎1958（昭和33）年8月31日

寝台特急「はやぶさ」（東京～鹿児島、1960年7月から20系客車化）の座席車ナハフ20（またはナハフ21）車内。当時の東京～九州間の寝台特急には1等・2等ともに座席車が連結された。2等座席車は電車特急と同じ一方向き2人掛けシートだったが、リクライニングしなかった。冷房風道が床下にあったため、座席が通路より一段高くなっている。◎1960（昭和35）年7月8日

試運転中の「はやぶさ」電源車カニ22の電源室内。カニ22は荷物室付き電源車でパンタグラフを装備。直流電化区間では集電した電気で電動発電機を動かし、それ以外の区間ではディーゼル発電機を動かして車内にサービス電源（冷暖房電源および食堂車の調理電源）を供給した。◎1960（昭和35）年7月18日

20系客車の荷物室付き電源車カニ22電源室内のディーゼル発電機。カニ22は当初「はやぶさ」に使用されたが、後に「さくら」に使用された。パンタグラフ集電は直流区間だけで交流区間、非電化区間ではディーゼル発電機からの給電が必要で不合理なため3両だけで終わった。

日本車輌（名古屋）で製造された20系特急客車の試運転。最後部は「あさかぜ」のバックサインが入ったナハフ20、その前がナハ20。20系特急客車には座席車があり、2人掛けリクライニングシートの2等車（現・グリーン車）と2人掛け前向きクロスシートの3等車（現・普通車）があった。冷房ダクトが床下にあるため座席が一段高く独特の雰囲気があった。◎岡崎（愛知県）　1958（昭和33）年8月31日

東海道・山陽新幹線

米原ー京都間を行く東海道新幹線0系12両編成。線路保守基地のある栗東付近と思われる。新幹線開通当初は「ひかり」「こだま」共通の0系12両編成だった。◎米原〜京都

試運転中の上り0系12両編成。最後部は21形。1964（昭和39）年6月30日から米原～鳥飼基地間で最高210㎞/hでの試運転が開始された。当時の沿線は田園地帯であったが、現在ではすっかり都市化している。◎京都～鳥飼基地　1964（昭和39）年6月

東海道新幹線の試運転は米原〜鳥飼基地間で1964（昭和39）年4月下旬から始まった。東京方先頭車22形。路盤もできあがったばかりで防護柵もなく、誰でも線路に近づけた。◎石山付近　1964（昭和39）年5月8日

鳥飼車両基地に続々と搬入される０系12両編成。東京寄り先頭の22形。今から振り返ると丸くてかわいいとすら思えるが、当時は時代の先端を行く先進的デザインといわれた。◎鳥飼基地　1964（昭和39）年５月

新幹線試作電車Ｂ編成は1964年に浜松工場で電気試験車922形に改造された。この旧Ｂ編成は1963（昭和38）年３月30日、256㎞/hの高速度記録を樹立し、先頭車922−1にはそれを示すプレートが取り付けられた。◎鳥飼基地　1964（昭和39）年５月

新幹線軌道試験車4001。鴨宮〜綾瀬（神奈川県）間の新幹線試験線（モデル線といわれた）で各種の試験、検測が行われた。1962年東急車両製造で、新幹線開業後が921形（921−1）となった。◎鴨宮（神奈川県）1962（昭和37）年12月12日

鳥飼車両基地（開業後は新幹線大阪運転所）に並んだ0系東京寄り先頭車22形。手前は22−26で編成番号はH2編成（日立製作所製）。このH2編成が1964（昭和39）年10月1日、東海道新幹線開業1番列車（下り「ひかり1号」）を務めた。その向こうがK1編成（近畿車両製）。◎鳥飼基地　1964（昭和39）年6月9日

東海道新幹線の試運転は関西地区が先行し1964年4月28日から鳥飼（現・JR東海鳥飼車両基地）〜米原間で開始され、当初は0系の6両編成で行われた。線路上では工事関係者が作業しており、時速70㎞/hでの運転だった。◎高槻市内　1964（昭和39）年5月17日

鳥飼車両基地（新幹線大阪運転所）にずらりと並んで待機する0系電車。手前側が下り方先頭の21形。右から3列目は朝一番に出庫する電車で、前照灯が光っている。その後続々と出庫し、昼間は予備編成が1〜2本だけとなる。◎鳥飼基地 1964（昭和39）年10月12日

山陽新幹線加古川橋梁を行く0系「ひかり」16両編成。1964年の開業以来の0系は部分改良を重ねながらも量産され、90年代前半まで主力だった。編成中8号車が食堂車、9号車がビュフェ車で旅情を味わうことができた。◎西明石～姫路　1982(昭和57)年10月31日

北陸本線

1963（昭和38）年9月30日に新疋田〜敦賀間に勾配緩和のためループ線を含む上り線（米原方面、上り勾配）が完成し複線化された。完成したばかりの上り線を行くED70牽引の米原方面行き列車。右側に従来の線（複線化後は敦賀方面への下り線、下り勾配）が見える。
◎新疋田〜敦賀　1963（昭和38）年10月25日

ED70牽引の北陸本線上り客車列車。田村で蒸気機関車に米原で電気機関車に付け替えられた。ED70には暖房装置がなく、冬季は暖房車を連結したが、その後、電気暖房装置が搭載された。機関車牽引列車の米原、田村での機関車付け替えは、1982（昭和57）年11月からEF81が投入され、翌1983年3月に交直切替が車上（走行中）切り換えになったことで廃止された。◎田村　1958（昭和33）年2月20日

1957年10月の北陸本線田村～敦賀間交流電化時、米原～田村間は非電化とし、田村で蒸気機関車から交流電機機関車への付け替えが行われた。構内に待機するED70 7とD51、ホームには米原～木ノ本間の区間運転気動車が見える。米原～田村の電化は1962年12月末で、1991（平成3）年9月にはこの田村を含む米原～長浜間が直流化され、2006（平成18）年9月には敦賀まで直流化された。◎田村　1962（昭和37）年1月30日

わが国初の本線用ディーゼル機関車DD50形は1953（昭和28）年に登場し、北陸本線で運行された。電気式、前面2枚窓の流線形で片側だけに運転台があり、常時背中合わせに2両連結で使用された（1両目と2両目は番号が異なる）。1969（昭和44）年の北陸本線全線電化後は米原～田村間の交直接続用にDE10とともに使用された。写真手前は2次形DD505＋DD506、後方は1次形DD502＋DD501。◎米原機関区　1976（昭和51）年1月15日

交流区間の始点、田村で待機するEF70 1とED70 7（いずれも敦賀第2機関区）。北陸本線の田村～敦賀間は1957（昭和32）年10月から交流電化されたが、米原～田村間は非電化で蒸気機関車で連絡し、東海道本線からの列車は米原と田村で2回機関車を付け替えた。米原～田村間の電化は1962年12月28日である。◎田村　1962（昭和37）年1月30日

ED70 1（敦賀第2機関区）牽引の客車列車。ED70は電気暖房装置を搭載しておらず、冬季は石炭炊きの暖房車を連結したが、後に電気暖房装置を搭載した。ED70 1は滋賀県長浜の北陸本線電化記念館で保存されている。◎新疋田　1958（昭和33）年1月31日

DF50とD51の重連が牽引する貨物列車。◎1958（昭和33）年1月31日

北陸線を走る特急「加越」（米原～金沢間）先頭は前面非貫通のクハ481-300番台。「加越」は湖西線開通で「雷鳥」が米原を経由しなくなった代替として1975（昭和50）年3月開始時から米原～金沢・富山間に登場した新幹線接続専門の特急である。2003（平成15）年10月、「しらさぎ」に統合される形で廃止された。◎1975（昭和50）年12月29日

敦賀〜新疋田間の上り線を行くEF70、ED70重連の上り（米原方面行き）貨物列車。この区間は1963（昭和38）年10月に複線化が完成し、上り線はループ線を含む新線に切り替えられた。◎新疋田〜敦賀　1963（昭和38）年10月25日

北陸本線は1957（昭和32）年10月に田村〜敦賀間が交流電化されたが、米原〜田村間は非電化であり蒸気機関車で連絡した。この区間は1962（昭和37）年12月28日に電化され、米原〜坂田間に交直切替のデッドセクションが設けられて交直流電車の直通運転が可能になった。米原（一部は彦根）〜木ノ本間の区間列車はディーゼル車で運行された。写真はキハ52-キハ10の区間列車。◎坂田　1963（昭和38）年11月5日

北陸トンネル開通前の北陸本線敦賀～今庄間は木ノ芽峠越えといわれ、25‰の急勾配、スイッチバックが連続した。敦賀から深山信号場～新保～葉原信号場～杉津～山中信号場～大洞の順で山中信号場が頂点だった。写真は名古屋発（高山本線、北陸本線、米原経由）名古屋行き循環準急「しろがね２号」（名古屋23:50ー金沢発6:50ー名古屋11:26）キハ55-キハ20-キロ25-キハ55の４両編成。◎山中信号場　1962（昭和37）年3月4日

北陸本線旧線を行くDF50 2（富山機関区）とD51重連の貨物列車。◎1959（昭和34）年1月31日

北陸本線旧線の新保を通過する名古屋発（米原、北陸本線、高山本線経由）名古屋行き循環準急「こがね」（名古屋9:30ー金沢発14:16ー名古屋20:10）。最後部に小浜線西舞鶴発金沢行き準急「わかさ」のキハ20を2両併結している。前方の「こがね」はキハ55系だがキハ58も入っている。左の列車は富山発大阪行き普通532列車で、D51の後補機付きである。◎新保　1962（昭和37）年3月4日

北陸本線旧線の杉津付近は若狭湾を望む絶景で、勾配とトンネルが連続し煙に苦しめられる区間での清涼剤であった。DF50が重連で牽引する温泉準急「ゆのくに」（大阪10:40ー金沢16:38）。編成中に1等車（並ロ）オロ41が見える。◎杉津付近　1959（昭和34）年10月

北陸トンネル開通前の北陸本線敦賀～今庄間は木の芽峠越えと呼ばれ、25‰の急勾配、スイッチバック、トンネルが連続する難所だった。新保はスイッチバック駅で、駅構内の端から敦賀方面から登ってくる線路を眺められた。82系ディーゼル特急「白鳥」（大阪8:05−青森23:50、直江津で分割して上野20:35）が勾配を登ってくる。◎新保　1962（昭和37）年2月18日

湖西線

湖西線は1974（昭和49）年7月に開通し、新快速「ブルーライナー」も堅田（行楽シーズンは近江今津）まで運転された。写真左側に比良山地とびわ湖バレイカーレーターが見える。カーレーターは現在ロープウェイになっている。◎蓬莱付近　1974（昭和49）年9月

珍しいカタカナ駅名のマキノを通過する485系特急「雷鳥」。湖西線は1974年7月の開業時はローカル列車と新快速だけだったが、1975（昭和50）年3月改正時から特急列車すべてと急行の一部が湖西線を経由し、20分前後短縮された。◎マキノ　1976（昭和51）年2月

急行も一部が湖西線を経由した。写真の列車は475系の急行「立山」（大阪～富山）。背後にびわ湖と対岸の湖東地方が見える。◎蓬莱～志賀　1975（昭和50）年5月

湖西線は1974（昭和49）年7月に開通し、交直接続（デッドセクション）は永原～近江塩津間に設けられたが、ローカル列車には高価な交直両用電車は投入されず、近江今津～近江塩津（または敦賀）間にディーゼル車が運行された。◎新疋田～敦賀　1976（昭和51）年2月1日

1974（昭和49）年7月に開通した湖西線を行く湘南色の113系700番台。湖西線開通時に113系を耐寒耐雪構造としドアを半自動とした700番台が投入された。

草津線

草津線は1972（昭和47）年10月改正でSL（D51）が引退し無煙化（DD51化）された。右がDD51769（亀山機関区）牽引の貨物列車。左がD51牽引の高島屋主催のお座敷客車（スロ62）による団体列車「ローズサークル号」。右の架線は近江鉄道。◎貴生川　1972（昭和47）年11月

1980（昭和55）年３月の草津線電化時に投入された113系700番台が柘植に到着。柘植は山間部で高原の駅の風情である。草津線は1890年（明治23）年に全線開通したのに対し、関西線は加茂までの開通が1897年（明治30）年である。草津線が柘植から直進するのに対し、関西線は左方向へ曲がるのは歴史を反映している。◎柘植　1980（昭和55）年5月24日

草津線乗り入れのDD51牽引の50系客車による通勤列車。草津線草津～柘植間は1980（昭和55）年3月に電化された。客車列車も2往復残ったが、1989年3月改正時から電車に置きかえられ、50系客車の活躍は短かった。50系客車の多くは製造後10数年で廃車されている。
◎膳所　1980（昭和55）年9月

信楽線

貴生川～雲井間は駅間距離10.3㎞であり33‰の急勾配がある。そのためキハ45系の2基エンジン車キハ53が運行されていた。◎1971（昭和46）年11月13日

C58 353（亀山機関区）が牽引する貨物列車。信楽線は33‰勾配があり、信楽焼やその原料の輸送のため貨物列車が運行されたが、信楽焼生産に必要な燃料（重油）輸送のためタンク車が月に数回運行された。信楽線の一般貨物輸送は1978年に廃止され、1982年に全面的に貨物輸送が廃止された。◎貴生川～雲井　1973（昭和48）年5月5日

貴生川を出発した信楽線列車は田園地帯を抜けると山裾にへばりつくように勾配を登りはじめ山間部に分け入ってゆく。33‰急勾配のため2基エンジンのキハ53、キハ52の2両で山越えに挑む。◎貴生川～雲井　1980（昭和55）年1月9日

信楽線貴生川付近C58牽引貨物列車が築堤を走行する。◎貴生川付近　1972（昭和47）年11月

C58牽引貨物の信楽線貨物列車。信楽線は貴生川〜信楽間14.7㎞で、貴生川を出発して築堤を上り、山間部に入る。1987（昭和62）年7月に第三セクター信楽高原鐵道となった。国鉄時代は貴生川〜雲井間10.2㎞に途中駅がなかったが、第三セクター化後に同区間に紫香楽宮跡駅が設置された。◎貴生川付近　1973（昭和48）年1月27日

山陰本線

京都に到着するボンネットスタイルのクハ481を先頭にした下り特急「雷鳥」。右側は山陰1番線ホームに到着したキハ58で前面窓の形状が異なる（パノラミックウインドウ）キハ58 1100番台。◎京都　1985年頃

京都駅山陰本線ホームのDF50506（米子機関区）とC5789（梅小路機関区、金沢機関区所属時のつらら切りがある）、昭和30年代半ばはDF50形ディーゼル機関車が米子機関区に集中配置され、山陰本線、福知山線で運行された。C57は京都発着のローカル列車を牽引した。左側に京都タワーが写っている。写真の中央は京都中央郵便局。◎京都駅　1965（昭和40）年頃

のどかな田園風景が残っていた園部付近を走るキハ58系ディーゼル急行。3両目にグリーン車キロ28を連結している。
◎園部付近　1984（昭和59）年4月28日

老朽化によってサービス水準が低下したキハ17系置き換えのために製造されたキハ40系キハ47形。従来のDMH17系エンジンに代わりDMF15系エンジン（220馬力）を搭載した。1977年から製造され、最初は山陰本線京都～福知山間に集中投入された。
◎梅小路機関区　1977（昭和52）年2月

二条駅に到着の上りキハ82系特急「あさしお２号」(城崎12:55－京都15:45)左はここで交換する下り急行丹後４号東舞鶴行き。「あさしお」は1972(昭和47)年10月、「白鳥」電車化による余剰車両を使用して京都～城崎、倉吉、米子間に４往復登場した。背後の二条駅舎は1997年に梅小路蒸気機関車館に移築され、現在では京都鉄道博物館の敷地内にある。◎二条　1980(昭和55)年

保津川沿いの秘境駅保津川に停車中の下り普通列車。最後部はチョコレート色のオハフ33形。山陰線は1986年10月まで旧型客車が運行され「汽車旅」が最後まで味わえた。保津川の渓流に沿っていた嵯峨（現・嵯峨嵐山）～保津峡～馬堀間は1989（平成元）年3月に新線に切り替えられた。旧線は1991年4月から嵯峨野観光鉄道のトロッコ列車が走り、この駅はトロッコ保津峡駅となった。◎保津峡　撮影日不明

秋の保津峡駅を通過するキハ58系上り急行「白兎」（松江8:00－京都14:20）、下り「白兎」は京都15:35発で、上り下りとも京都で東海道本線の電車特急、急行に接続する東京～山陰間の日着列車だった。背後の山々は色づき始めている。◎保津峡　1963（昭和38）年11月16日

奈良線

宇治川鉄橋を渡るC58形蒸気機関車が牽引する荷物列車。奈良線は1971(昭和46)年10月に蒸気機関車が引退した。奈良線電化は1984(昭和59)年10月だが単に電車になっただけで、快速運転など乗客誘致のための積極策に転じたのは90年代に入ってからである。◎黄檗～宇治　1960年代後半

奈良線はキハ17系が主力だったが1970年代に入ってからロングシートのキハ35系が中心となった。桃山のホームはカーブし前身の関西鉄道時代のままの低いホームである。◎桃山　1976（昭和51）年6月

奈良線のキハ35系普通列車奈良行き。当時、奈良線京都～奈良間は毎時1本程度で所要1時間10～20分であったが直通客はほとんどなく近鉄京都線の独壇場であった。電化は1984（昭和59）年10月であるが、快速電車はなく単に電車化（ロングシートの105系化）しただけであった。◎桃山　1976（昭和51）年6月

大阪環状線

森ノ宮電車区（現・吹田総合車両所森ノ宮支所）の横を走る環状線のオレンジ色103系電車。環状線の103系は1969年12月に登場し、初のオレンジ色103系で話題になった。◎京橋～森ノ宮　1977（昭和52）年11月

大阪環状線内回り電車。環状線の101系は1979年10月改正時に引退し103系に統一された。後方に木津川鉄橋が見える。
◎芦原橋〜大正　1970年代

大阪環状線大正の芦原橋方にかかる木津川鉄橋を渡る関西線へ直通する奈良行き快速電車。大阪環状線西側は「水の都」にふさわしく壮大な形の鉄橋がいくつもある。◎大正　1976（昭和51）年9月

1969（昭和48）年12月から103系が大阪環状線に登場し、1973年から103系冷房車が投入された。103系は2017年に同線から引退した。先頭はクハ103－245。◎天王寺　1980年代

東京〜大阪間の客車急行「なにわ」は1961（昭和36）年3月から電車化されたが、その際、1等車にリクライニングシートのサロ152（写真はサロ152-7、宮原電車区所属）、食堂車の代わりにビュフェと2等車（現・普通車）の合造車サハシ153が組み込まれ、同時に前年（1960）年6月に運転開始した急行「せっつ」も同じ編成となった。ビュフェには「にぎり寿司」コーナーがあり大好評であった。◎森ノ宮電車区　1961（昭和36）年2月

大阪環状線に登場した101系電車。環状線への101系投入は1960（昭和35）年10月から始まり、1962年3月に完了した。電車は大阪へ向かう内回り電車。◎鶴橋　1961（昭和36）年11月5日

大阪環状線モノクロームの思い出

京阪電鉄と城東線（現・大阪環状線）の交差部分。手前が天満橋側である。現在は大阪環状線の上を京阪は高架で越えている。◎京橋付近　1955（昭和30）年6月

桜ノ宮ですれ違う城東線（大阪環状線の前身）の旧型車。左がモハ31形（2ドアのモハ43を戦時中に4ドア化した車両、後にクモハ31となる）。右がモハ32形（2ドアの両運転台モハ42を戦時中に4ドア化した車両、後にクモハ32となる、横須賀線の用のモハ32とは異なる）。◎桜ノ宮　1958（昭和35）年7月13日　撮影：小川峯生

桜島線

西九条～安治川口間の六軒家川の鉄橋を渡る桜島線103系電車。桜島線（当時は西成線）は大阪港への臨港線で沿線工場地帯への通勤線でもあった。1940（昭和15）年1月、安治川口でのガソリンカー転覆事故（死者189名）を契機に翌1941（昭和16）年5月に電化された。現在では2001年3月オープンのUSJ（ユニバーサルスタジオジャパン）への行楽線でもある。◎1984（昭和59）年1月9日

西九条駅に停車している桜島線の101系。当時はユニバーサル・スタジオ・ジャパンの開業前で、桜島線の利用者は工場関係者が多かった。◎1978年頃　撮影：高野浩一

片町線

片町線のオレンジ色旧形国電。先頭はクハ79045。戦前、東海道本線・山陽本線吹田～須磨間電化時に製造された2ドアクロスシートモハ43系のクハ58を戦時中に4ドアロングシート化した車両。写真後方に徳庵の近畿車両で製造された国鉄特急電車が見える。◎徳庵　1975（昭和50）年7月20日

四条畷発片町行きの72系電車。片町線は関西最初の国鉄電化区間にもかかわらず近代化は遅れ、1970年代半ばまで旧型電車王国で私鉄との格差は大きく沿線利用者の不満は強かった。片町線への新性能車（101系）投入は1976年からで1977（昭和52）年３月に101系化が完了した。◎鴨野　1975（昭和50）年７月

長尾で接続する木津行きディーゼル車から撮影した長尾を発車する片町行き電車（最後部はクハ79 300番台）長尾は電化区間と非電化区間の接続駅だった。片町線は片町（1997年３月廃止）～四条畷間が1932（昭和７）年12月に関西の国鉄で最初に電化され、1950年12月に長尾まで電化された。木津までの電化はJR発足後の1989年３月である。複線化は1969年３月に四条畷、1979年10月に長尾、1989年３月に松井山手まで完成した。◎長尾　1976（昭和51）年6月

四条畷駅に停車している片町線の72系電車。旧型国電の独壇場であった片町線は現在「学研都市線」の愛称で呼ばれJR東西線・JR神戸線・JR宝塚線に乗り入れている。

1957（昭和32）年夏に101系の試作車が登場したが、翌1958年から量産形が登場し、中央線東京〜浅川（現・高尾）間に集中投入された。写真は近畿車両（片町線徳庵）で製造されたモハ90522（右、クモハ100-6）とモハ90521（左、クモハ101-6）。形式称号改正で1959年6月からモハ90がモハ101系となった。◎近畿車両　1958（昭和33）年2月17日

京橋から片町方向を見る。片町発の長尾行きが到着したところ（先頭は全金属製のクハ79 920番台）。右の建物はダイエー京橋店（後にイオン京橋店となる）。京橋〜片町間は1997年3月、JR東西線開業に伴い廃止されたが、同区間の線路はJR東西線の一部となっている。
◎京橋　1976（昭和51）年7月

長尾
片町
NAGAO
KATAMACHI

高架化された鴻池新田を発車する長尾行き。最後部はクモハ73の車体更新車。後ろから3両目は両運転台のクモハ32（2ドア、クロスシートのモハ42を戦時中に4ドア、ロングシート化した車両でモハ32形を経てクモハ32形となる。戦前の横須賀線モハ32とは異なる）。◎1975（昭和50）年7月20日　撮影：長渡朗

高運転台、非ATCタイプのクハ103形を含む編成は片町線にも投入され、従来の101系を置き換えた。

長尾は電化区間と非電化区間の乗り換え駅で、右が木津〜奈良間のキハ35列車。左が高運転台の103系である。長尾〜木津までの区間は単線ローカル線で途中近鉄京都線と平行したが、閑散路線だった。JR発足後、抜本的に改良され、1989（平成元）年3月に木津まで電化された。◎長尾　1980年頃　撮影：安田就視

福知山線

福知山線伊丹に到着するDF50 548（米子機関区）牽引の下り普通列車。福知山線は荷物車、郵便車を連結した山陰線へ直通する長距離普通列車も運転された。機関車の次が郵便と荷物の合造車スユニ60、その次が荷物車マニ60。後方には電化に備えて架線柱が建っている。◎伊丹　1970年代

生瀬〜武田尾〜道場間は1986（昭和61）年8月から西宮名塩経由の新線に切り替えられた。生瀬付近の武庫川沿い旧線を行く82系ディーゼル特急「まつかぜ」。武庫川の対岸には中国自動車道が見える。◎生瀬付近　1978（昭和53）年3月26日

電化前の福知山線は旧型客車による普通列車が多数運転された。宝塚～生瀬間で武庫川鉄橋を渡るDD51 1190（福知山機関区）牽引の普通列車で2両目は軽量客車ナハ11形。現在は平行して複線の鉄橋が建設され、生瀬～道場間はほぼトンネルである。
◎1978（昭和53）年3月26日

福知山線は大都市近郊路線でありながら長らく単線非電化で客車列車やディーゼル列車が走り大阪～宝塚間は阪急の独壇場であったが塚口～宝塚間は1981（昭和56）年4月に電化され、また複線化も1980年11月に宝塚まで完成した。電化で大阪～宝塚間にカナリヤ色の103系6両編成が登場したが、大阪駅で折返しができず回送線を通り宮原電車区まで行って折返した。◎尼崎　1983（昭和58）年3月

福知山線生瀬付近を行くキハ58上りディーゼル急行「白兎」（松江8:00ー大阪14:54）。「いなばの白うさぎ」をデザインしたマークが付いている。「白兎」は京都発着編成と大阪発着編成があり、福知山で分割併合を行った。◎生瀬　1962（昭和37）年10月

福知山線のキハ17系ディーゼル列車。キハ17は1953（昭和28）年に登場した液体式ディーゼルカーであるが、車体幅が狭く、座席もビニール張りでひじ掛けもなく貧弱で、長時間乗車に耐えられなかった。福知山線の生瀬～道場間は1986（昭和61）年8月に新線に切り替えられた。◎生瀬

福知山線生瀬付近の武庫川沿いを走る「準急色」のキハ55系準急「丹波」。◎生瀬　1962（昭和37）年10月

DD54 38（福知山機関区）が牽引する福知山線上り普通列車。電化される前の福知山線尼崎～宝塚間は住宅地の間を走る単線、非電化のローカル線で時代に取り残されていた。伊丹は貨物ホームがあり構内は広いが閑散とし、阪急伊丹駅が伊丹市の代表駅であった。◎伊丹　1975年頃

DD 54 38

関西本線、城東線、西成線の時刻表 （1959（昭和34）年9月22日訂補）

96　湊町→名古屋(3)　天王寺←→大阪←→桜島

上り関西本線（その3）城東線・西成線

→前頁からつづく

湊町—名古屋（上り）（その3）（関西本線）

駅名＼列車番号＼行先	奈良	柏原	名古屋	王寺	亀山	和歌山市	奈良	伊賀上野	奈良	王寺	東京	柘植	奈良	奈良	笠置	奈良	木津	王寺
	430	830	210	432	318	539	434	320	436	438	202	322	842	440	324	442	444	446
湊町発	1735	1743	1756	1800	1805	1820	1840	1905	1935	2000	2020	2025	…	2100	2125	2200	2240	2325
今宮〃	1739	1746	レ	1804	1809	1824	1844	1909	1939	2004	レ	2029	…	2104	2129	2203	2244	2329
天王寺着	1743	1750	1802	1808	1813	1828	1848	1913	1943	2008	2025	2033	…	2108	2133	2207	2248	2333
天王寺発	1745	1752	1805	1810	1815	1830	1850	1915	1945	2010	2030	2035	2055	2110	2135	2210	2250	2335
平野〃	1751	1757	レ	1816	1821	1836	1856	1921	1950	2015	レ	2040	2101	2115	2140	2215	2255	2340
加美〃	レ	レ	2・3	レ	1825	レ	1900	レ	レ	レ	2・3	レ	レ	レ	レ	レ	レ	レ
久宝寺〃	レ	レ	準急	レ	レ	レ	レ	レ	レ	レ	急行	レ	レ	レ	レ	レ	レ	レ
八尾〃	1757	1803	園	1823	1830	1843	1905	1928	1957	2022	（大和）	2047	2108	2121	2147	2223	2302	2346
柏原〃	1803	1809	レ	1829	1836	1849	1911	1934	2003	2028		2053	2114	2127	2153	2229	2308	2352
河内堅上〃	1810	園	レ	1836	1843	1856	1918	1941	2009	2035		2100	2120	2134	2200	2235	2314	2359
王寺着	1817	（休日運休）	1822	1844	1850	1903	1925	1949	2017	2043	2051	2108	2126	2141	2207	2242	2321	006
王寺発	1830		1823	…	1852	1906	1926	1951	2019	…	2051	2110	2129	2144	2209	2245	2323	…
法隆寺〃	1835		レ	笠置行	1858	和歌山市 21 58	1932	1957	2025	…	レ	2118	2134	2150	2216	2250	2329	…
大和小泉〃	1841	…	レ		1903		1938	2004	2033	…	レ	2124	2139	2156	2221	2255	2334	…
郡山〃	1847	…	レ		1909		1943	2009	2039	…	レ	2130	2145	2205	2226	2300	2340	…
奈良着	1853	…	1837	840	1915		1950	2016	2045	…	2107	2137	2151	2211	2232	2306	2346	…
奈良発	…	…	1838	1843	1924	…	…	2035	…	…	2110	2147	園	…	2235	園	2352	…
木津〃	…	…	レ	1853	1933	…	…	2045	…	…	レ	2156	…	…	2243	…	001	…
加茂〃	…	…	（かすが号）	1901	1941	…	…	2054	…	…	C57	2205	…	…	2252	…	…	…
笠置〃	…	…		1909	1950	…	…	2103	…	…		2214	…	…	2300	…	…	…
大河原〃	…	…			2001	…	…	2112	…	…	レ	2223	…	…	園	…	…	…
月ヶ瀬口〃	…	…		…	2011	…	…	2122	…	…	レ	2233	…	…	…	…	…	…
島ヶ原〃	…	…	レ	726	2018	…	…	2130	…	…	レ	2241	…	…	…	…	…	…
伊賀上野〃	…	…	1919	京都発 17 44	2029	…	…	2140	東京行	…	2152	2300	…	…	…	…	…	…
佐那具〃	…	…	レ		2035	…	…			…	レ	2306	…	…	…	…	…	…
新堂〃	…	…	レ		2042	…	…	…		…	レ	2313	…	…	…	…	…	…
柘植着	…	…	1932	1928	2050	四日市行	…	…	204	…	レ	2322	…	…	…	…	…	…
柘植発	…	…	1933	1941	2051		…	…	鳥羽発 20 35	…	レ	…	…	…	…	…	…	…
加太〃	…	…	レ	2002	2113		…	…		…	レ	…	…	…	…	…	…	…
関〃	…	…	レ	2010	2120		…	…		…	レ		…	…	…	…	…	…
亀山着	…	…	1953	2017	2128	232	…	…	2210	…	2227	C57	…	…	…	…	…	…
亀山発	…	…	1956	…	…	2150	…		2214	…	2230		…	…	…	…	…	…
井田川〃	…	…	レ	西藤原行	…	2156	…	（新宮発 18 25・新宮多気間 急行 902）	レ	…	レ	（東京名古屋間）	…	…	…	…	…	…
加佐登〃	…	…	レ		…	2202	…		2・3	…	レ		…	…	…	…	…	…
鈴鹿〃	…	…	レ		…	2207	…		急行	…	レ		…	…	…	…	…	…
河原田〃	…	…	レ		…	2213	…		レ	…	レ		…	…	…	…	…	…
四日市着	…	…	2014	6528	…	2221	…		2235	（東京名古屋間 急行 902・東京着 6 25）	2251		…	…	…	…	…	…
四日市発	…	…	2015	2130	…	…	…		2236		2251	…	…	…	…	…	…	…
午起〃	…	…	レ	2133	…	…	…		（伊勢）（那智）		レ	…	…	…	…	…	…	…
富田浜〃	…	…	レ	2137	…	…	…				レ	…	…	…	…	…	…	…
富田〃	…	…	2022	2150	…	…	…				レ	…	…	…	…	…	…	…
桑名〃	…	…	2030	西藤原 22 45	…	…	…		2252		2307	…	…	…	…	…	…	…
長島〃	…	…	レ		…	…	…	（C57 新宮東京間）	レ		レ	…	…	…	…	…	…	…
弥富〃	…	…	レ		…	…	…		レ		レ	…	…	…	…	…	…	…
永和〃	…	…	レ	園	…	…	…		C3		レ	東京着 6 46	…	…	…	…	…	…
蟹江〃	…	…	レ	…	…	…	…				レ		…	…	…	…	…	…
八田〃	…	…	レ	…	…	…	…		レ		レ		…	…	…	…	…	…
名古屋着	…	…	2052	…	…	…	…		2317		2331		…	…	…	…	…	…

33.12.10 改正　天王寺——大阪——桜島（城東線・西成線）

初電				終電			キロ程	駅名	初電			終電			
…	4 58	5 10	5 20	23 40	23 54	0 09	0.0	発⊖天王寺着	5 13	5 22	5 34	0 02	0 12	0 23	0 36
…	5 00	5 12	5 22	23 42	23 56	0 11	0.6	〃⊖寺田町発	5 11	5 20	5 32	24 00	0 10	0 21	0 34
…	5 02	5 14	5 24	23 44	23 58	0 13	1.3	〃 桃谷〃	5 09	5 18	5 30	23 58	0 08	0 19	0 32
…	5 04	5 16	5 26	23 46	24 00	0 15	1.7	〃⊖鶴橋〃	5 07	5 16	5 28	23 56	0 06	0 17	0 30
…	5 06	5 18	5 28	23 48	0 02	0 17	2.2	〃⊖玉造〃	5 05	5 14	5 26	23 54	0 04	0 15	0 28
…	5 08	5 20	5 30	23 50	0 03	0 18	2.7	〃 森ノ宮〃	5 03	5 12	5 24	23 52	0 02	0 13	0 26
4 52	5 11	5 23	5 33	23 53	0 06	0 21	3.6	〃⊖京橋〃	5 00	5 09	5 21	23 49	23 59	0 10	0 23
4 55	5 14	5 26	5 36	23 56	0 09	0 24	4.7	〃 桜ノ宮〃	4 57	5 06	5 18	23 46	23 56	0 07	0 20
4 57	5 16	5 28	5 38	23 58	0 11	0 26	5.1	〃 天満〃	4 55	5 04	5 16	23 44	23 54	0 05	0 18
5 00	5 19	5 31	5 41	0 01	0 14	0 29	6.0	着⊖大阪発	4 53	5 02	5 14	23 42	23 52	0 03	0 16
5 02	5 21	5 33	5 43	22 05	22 30	23 04	0.0	発⊖大阪着	5 32	5 51	6 07	22 21	22 41	23 00	23 34
5 04	5 23	5 35	5 45	22 07	22 32	23 06	1.1	〃 福島発	5 30	5 49	6 05	22 19	22 39	22 58	23 32
5 07	5 26	5 38	5 48	22 10	22 35	23 09	2.6	〃 野田〃	5 27	5 46	6 02	22 16	22 36	22 55	23 29
5 09	5 28	5 40	5 50	22 12	22 37	23 11	3.7	〃⊖西九条〃	5 24	5 43	5 59	22 13	22 33	22 52	23 26
5 13	5 32	5 47	5 56	22 16	22 41	23 15	6.0	〃⊖安治川口〃	5 21	5 40	5 56	22 10	22 30	22 49	23 23
5 16	5 35	5 50	5 59	22 19	22 44	23 18	8.1	着⊖桜島発	5 18	5 37	5 52	22 07	22 27	22 46	23 20

運転間隔
天王寺—桜島直通　天王寺発 458— 826.　850.　906　1623—1903　8分毎
　　　　　　　　　桜島発 518— 833.　857.　911　1630—1918
天王寺—大阪間　4—8分毎　大阪—桜島間　8—20分毎

◎太字で表示されたキロ程区間の通勤・通学定期運賃を計算する場合には377頁参照

キハ55系のディーゼル準急「かすが」は天王寺～名古屋間２時間47分で、東海道本線の「比叡」とさほど変わらなかった。湊町発の東京行き急行「大和」は関西本線内をSL（C57）が牽引し、大阪ミナミから乗れる東京行きで「必ず座れる列車」として穴場的存在だった。普通列車はほとんどがSL（C51またはC57）牽引で天王寺～奈良間１時間を要し、大阪～奈良間は近鉄奈良線の独壇場であった。加美、久宝寺は竜華操車場の構内にあり職員通勤用で、通勤時間帯に一部の列車が停車するだけだった。戦前の参宮列車の流れをくむ鳥羽発東京行の急行「伊勢」が新宮発の「那智」を併結している。
大阪環状線は全通しておらず東側が城東線と称していた。西成線とは直通せず、大阪で運転系統が途切れていた。

2章

関西本線
紀勢本線と沿線

奈良機関区で待機するD51。2両連結され「重連仕業」につくと思われる。画面後方は奈良機関区の扇形庫（ラウンドハウス）。◎奈良機関区　1973（昭和48）年

関西本線

湊町（現・JR難波）を発車するディーゼル準急「かすが」。両端はキハ55で中間に2等・3等合造キロハ18、キハ51も連結している。「かすが」は1956（昭和31）年7月から3往復ともディーゼル化されたが、キハ17系のキハ51、キロハ18が中心で車体幅が狭く快適とはいえなかった。1957年頃から車体幅の広いキハ55も投入されたが従来のキハ51、キロハ18と混用された。湊町は貨物駅もあり構内が広かった。◎湊町

関西本線湊町（現・JR難波）～奈良間の電化開通式。沿線からの電化要望は強かっただけに喜びは大きかった。◎湊町　1973（昭和48）年10月1日

関西本線は大阪平野と奈良盆地の間、大阪と奈良の府県境を大和川に沿って走り抜ける。第5大和川鉄橋を渡るDD51 1036（亀山機関区）牽引の上り荷物列車。電化後も荷物列車、貨物列車はDD51が牽引した。◎河内堅上〜王寺　1973年頃

大阪と奈良の府県境、第５大和川鉄橋を渡る101系王寺発湊町行き普通電車。1973年10月、関西線湊町～奈良間が電化され、快速に113系、普通に101系が投入された。他線からの転入車とはいえ最初から100％新性能化でスタートしたことで、旧型車が主力だった阪和、片町線沿線からは「いつまで古い車を使うのか」と不満の声が強くなった。◎河内堅上～王寺　1970年代

1973（昭和48）年10月に関西本線湊町～奈良間の電化が完成した。快速は113系が使用、20分間隔で運行され、アイボリーホワイトに朱色でレッドライナーとも呼ばれた。◎河内堅上　1973（昭和48）年10月頃

非電化の複線区間である関西本線を走るキハ35系6両編成。同線は大都市近郊にもかかわらずディーゼル車による運行で、電化の要望の声も多かったが、なかなか実現しなかった。◎郡山付近　1970年代前半

キハ35系の快速4両編成。1961（昭和36）年12月からロングシートの通勤形キハ35が集中投入された」。快速は天王寺～奈良を33分（表定速度68km）で走り俊足だった。◎奈良付近　1963年頃

加太～柘植間の25‰勾配上にある中在家信号場を通過するキハ35系のローカル列車。写真の奥が本線（通過線）、手前の線路が待避線。この信号場は現在では廃止されたが、線路跡は残っている。◎中在家信号場　1973（昭和48）年1月29日

奈良機関区の扇形庫(ラウンドハウス)に待機する蒸気機関車群。左からD51 625、C58 120、C58 358、C58 19。D51は関西本線、C58は奈良線、桜井線で運行された。◎奈良機関区　1969(昭和44)年10月

奈良機関区で入念に整備、点検されるD51 654。SL(蒸気機関車)は多くの人手を必要とし、まさに労働集約産業の典型であった。奈良機関区のD51は関西では比較的遅く、1973(昭和48)年10月の関西本線電化時まで貨物列車を牽引した。◎奈良機関区　1969(昭和44)年10月

奈良気動車区に待機するキハ17系(当時はキハ45000系)、最初は奈良線、桜井線、片町線(長尾～木津間)に投入された。◎奈良気動車区　1955(昭和30)年2月12日

奈良気動車区に待機するキハ17系とキハ35系。背後に奈良駅の駅舎とホームが見える。関西本線の湊町〜奈良間は最小運転間隔５分でキハ35系気動車での通勤輸送が行われたが、気動車による短い間隔での通勤輸送は外国でもあまり例がないといわれた。キハ17系は主として奈良線、桜井線で運行された。◎奈良気動車区　1963(昭和38)年10月11日

城東貨物線

D51牽引の城東貨物線の貨物列車。このD51は集煙装置付きで長野地区からの転属車と思われる。城東貨物線は早くから旅客線化の要望が地元からあり、2008（平成20）年3月に放出～久宝寺間が複線電化されておおさか東線となり、2019（平成31）3月に新大阪～放出間が開通して新大阪～久宝寺間が全線開通した。◎1970年頃

D5191（吹田第一機関区）が牽引する城東貨物線の貨物列車。このD5191は煙突と砂箱が一体化しナメクジドームと呼ばれる初期のD51である。城東貨物線は東海道本線と関西本線を結ぶために建設され吹田操車場～放出間が1929（昭和4）年3月に、放出～平野間が1931年8月に開通した。現在は複線電化され、おおさか東線となっている。◎吹田操車場～都島信号場　1970（昭和45）年8月9日

城東貨物線を行くD51牽引の貨物列車。◎吹田付近　1970年頃

桜井線

郵便荷物気動車キユニ28とロングシートのキハ35、36を連結した桜井線列車。桜井線は沿線に山の辺の道、三輪山、大神神社、大和三山があり「万葉のふるさと」を行く線として知られる。1980（昭和55）年3月に電化された。◎三輪～桜井 1979（昭和54）年2月5日　撮影：安田就視

和歌山線

和歌山線は奈良盆地で生駒、金剛山地を眺め、和歌山県に入ってからは高野山に連なる山並みを眺めながら紀ノ川流域を走る。和歌山線は車窓の豊かさにもかかわらずロングシートのキハ35系が中心で旅情はあまり感じられなかった。◎三輪～桜井　1979(昭和54)年2月5日　撮影：安田就視

和歌山線は1980（昭和55）年3月に王寺〜五条間が電化され、1984（昭和59）年10月に五条〜和歌山間および和歌山〜和歌山市間が電化された。車両は常磐線各駅停車（地下鉄千代田線直通）に使用された103系1000番台を改造した4ドア、ロングシートの105系でサービスが向上したわけではない。この付近は車窓に紀ノ川、みかん畑が展開する。◎笠田〜西笠田　1986（昭和61）年11月　撮影：安田就視

阪和線

阪和線は元阪和電鉄（後に南海に合併され南海鉄道山手線となった）で戦時中に国有化されたが駅施設や架線柱に私鉄時代の面影が残っていた。1968年までに阪和電鉄時代の車両が廃車され、代わりに東京地区から4ドア72系が転入した。1974年7月から日根野以北でホームが延伸され普通電車も6両運転可能になった。写真の東岸和田行きは最後部クモハ73、先頭に3ドアのクハ55、クモハ60を連結。◎浅香　1976（昭和51）年7月

1985（昭和60）年3月改正で、紀勢本線のディーゼル急行「きのくに」が定期列車としては廃止され、特急「くろしお」に一本化された（「きのくに」は臨時列車として残る）。「さよならきのくに」のヘッドマークを付けた「きのくに」回送列車。先頭は正面窓がパノラミックウインドウのキハ58 1100番台。◎美章園付近　1985（昭和60）年3月

阪和線と関西本線の交差点付近を行く82系ディーゼル特急「くろしお」。この列車は座席の向きから下り回送と思われ、後ろから5両目に食堂車キシ80が連結されている。現在では画面右側から大阪環状線への連絡線がある。◎天王寺～美章園　1975年頃

紀勢線電化開業の2日前、1978（昭和53）年9月30日（土）に運転された「さよなら運転」のヘッドマークを付けたキハ81先頭の「くろしお」。いわゆる「53−10」ダイヤ改正は10月2日（月）に行われた。待避する阪和線普通電車のクハ103−26は山手線（品川電車区）から阪和線（鳳電車区）への転入車。◎杉本町　1978（昭和53）年9月30日

阪和線浅香～杉本町間の大和川鉄橋を渡るオレンジ色旧形72系の上り区間快速天王寺行き。架線柱は阪和電鉄時代のままで私鉄色が残っている。旧型電車展示館といわれた阪和線も1974年7月には日根野以北のホームが延伸され6両停車可能になった。日根野以南は4両限定のため区間快速と普通は旧型車で運転され、ラッシュ時は日根野で2両を解結した。1976年11月から日根野以南のホームが6両停車可能になった。◎浅香　1976（昭和51）年7月

終着駅の東羽衣駅に停車している103系は次駅が終点の鳳行き。羽衣線にはその後123系も一時期運用に就いたこともある。103系撤退後、現在は225系で運行している。◎1978年頃　撮影：高野浩一

オレンジ色に塗られたクモハ60 106（鳳電車区）。クモハ60（製造時はモハ60）はモハ41のモーター出力を128kwに強化した車で、前面は半流線形で優雅な形である。2両目はモハ72 500番台を近代化改造したチョコレート色の車両で横浜線、南武線からの転属車と思われる。阪和線は「旧形国電の展示館」といわれたが、他線からの103系転属車により1977（昭和52）年4月に新性能化が達成された。◎浅香　1975（昭和50）年10月1日

大和川鉄橋を渡る113系新快速和歌山行き。阪和新快速は1972（昭和47）年3月に登場し、途中停車は鳳だけでデイタイムのみ1時間ごとに6往復運転され、快速も103系で運転された。朝夕は113系新快速車両も快速として運転されたが、区間快速、普通は旧型車両のままで、沿線利用者の不満は強かった。◎浅香　1972（昭和47）年4月

長池公園付近の池に沿って走る113系「レッドライナー」6両編成の下り和歌山方面行き電車。いわゆる関西線「春日色」だが阪和線で運行されたこともある。快速表示板は閉じられ普通電車として運行されている。◎南田辺～鶴ヶ丘　1975（昭和50）年7月

急
EXPRESS

天王寺を発車するクハ76、モハ70の阪和線急行電車。1955（昭和30）年、阪和線に横須賀線形モハ70系が登場した。戦時中に国有化された阪和線は平行する南海電鉄に比べ車両や駅施設が見劣りし、沿線からは元の私鉄に戻す運動も起きた。それに対し国鉄は新車の投入を約束し、戦時買収線区に新車が投入されたのは阪和線が初めてであった。塗装はクリームと緑の阪和色である。◎天王寺付近　1956年頃

大和川鉄橋を渡る新快速色「ブルーライナー」の113系電車。鳳発天王寺行き普通電車。113系も103系とともに普通電車にも使用された。◎浅香　1976（昭和51）年7月

大和川鉄橋を渡る103系の東岸和田行き。この車両は関西線用でライトグリーンに前面に黄色の帯が入り奈良の若草山にちなみ「若草色」と呼ばれた。配置区は鳳電車区(天オト)で関西、阪和線を受け持っていたため関西本線車両が阪和線に入ることもあった。◎浅香　1976年頃

阪和線は1976(昭和51)年11月に全駅のホームが6両停車可能になり、70系電車も6両に組み替えられ、4ドア車が入ることもあった。阪和線の新性能化は1977年4月で113系、103系に統一された。阪和線の70系は福塩線に転出した。◎鳳　1976(昭和51)年12月

鳳を通過する紀勢線直通の82系ディーゼル特急「くろしお」。「くろしお」はグリーン車キロ80が2両連結され、白浜、紀伊勝浦方面への温泉客をあてこんでいた。ディーゼル時代は天王寺～和歌山間ノンストップ最短47分で阪和電鉄時代の「超特急」最短45分に及ばなかった。◎鳳　1976（昭和51）年12月

1978年10月、紀勢本線和歌山～新宮間電化時に阪和線新快速は廃止され、その代わり快速がデイタイム30分間隔になり、毎時1本が紀勢本線に直通し、関西本線用の赤帯「レッドライナー」113系も使用された。◎六十谷～紀伊中ノ島　1978年頃

雄山峠（山中渓～紀伊間）を越える103系の阪和線快速電車。阪和線は阪和電鉄時代の車両が1966～68年に引退し関東から転入の73系に置き換えられ、70系「横須賀線形」やクモハ60、クハ55などとあわせ「旧形国電展示館」といわれた。1968年10月のダイヤ改正時に103系6両編成が4本投入され、天王寺～和歌山間の快速（昼は毎時1本）に使用されたが、揺れが激しく不評だった。◎山中渓～紀伊　1970年頃

1979～81年にATC装置を搭載しない高運転台のクハ103が製造され、ATC化されない線区に投入された。前面はATC車と同じ高運転台だが、運転台直後に窓がある。阪和線にも非ATCタイプ高運転台のクハ103を含む編成が投入された。◎山中渓　1980年頃

紀勢本線

キハ81が両端に連結された天王寺発名古屋行き特急「くろしお２号」（天王寺9:10－名古屋17:42）紀伊半島をぐるっと一周する「くろしお」にキハ81の編成が使用された。◎下津　1977年頃

紀勢本線電化でローカル電車に投入された113系（紀伊田辺発新宮行き）。ブルーライナーとレッドライナーの混成である。◎椿〜紀伊富田　1985（昭和60）年8月11日　撮影：山田亮

古座鉄橋を渡る381系特急「くろしお」くろしおは1978（昭和53）年10月の紀勢本線電化時に９両編成で投入されたが、後に中間車に運転台を取り付け短編成化された。◎紀伊田原〜古座　1985（昭和60）年８月11日　撮影：山田亮

紀勢本線電化時、貨物列車はEF15が牽引した。EF15　158（竜華機関区）が牽引するワム80000を連ねた貨物列車。新宮にある製紙工場の紙輸送列車である。◎紀伊田原～古座　1985（昭和60）年8月11日　撮影：山田亮

1985（昭和60）年3月改正で定期の急行「きのくに」は廃止されたが、臨時列車として運転された。EF58　44（竜華機関区）が牽引する12系お座敷客車のお座敷きのくに号（新宮発天王寺行き）。◎椿～紀伊富田　1985（昭和60）年8月11日　撮影：山田亮

紀三井寺付近を行くキハ58系の急行「きのくに」。2両目のキロ28は冷房化されていたが、2等車（現・普通車）は非冷房で夏は開け放たれた窓から生あたたかい風がディーゼルの排気とともに入って来た。◎紀三井寺　1968（昭和43）年8月10日

海岸沿いのイメージが強い紀勢線だが紀伊田辺以南は意外と山が深くトンネルも多く山岳線の趣となる。写真の場所は背後の山の形から椿で、列車はキハ82先頭だが最後部はボンネットスタイルのキハ81であることから名古屋発の「くろしお５号」（名古屋9:50ー天王寺18:14）である。電化に備え架線柱が建っている。◎椿　1977年頃

紀勢本線を行く新宮発紀伊田辺行き113系普通電車。アイボリーにブルー帯で当時の新快速（東海道山陽線用153系、阪和線用113系）と同じ塗色である。紀勢本線和歌山～新宮間は1978（昭和53）10月に直流電化され、特急「くろしお」に振子式電車381系、普通電車に113系が投入された。◎紀伊浦神　1978（昭和53）年10月20日

紀勢本線電化で特急「くろしお」には381系振子電車が投入された。振子装置が作動したのは和歌山～白浜間で、白浜～新宮間は振子装置を使用せず、線形が悪い（カーブが多い）こともあって、スピードは鈍っていた。◎紀伊浦神～下里　1978（昭和53）年10月20日

白浜〜新宮間はカーブが多く、振子装置も使わないため、電車化された「くろしお」はディーゼル特急より数分のスピードアップにとどまった。◎1978(昭和53)年10月20日

ススキが茂る秋の紀州路をゆく381系特急「くろしお」。1978年10月から特急の先頭部の列車名表示が絵入りとなり「くろしお」は波をイメージしたデザインとなった。◎紀伊浦神付近　1978（昭和53）年10月20日

1978（昭和53）年10月、紀勢本線の和歌山〜新宮間が電化され、特急は電車化され381系9両となった。阪和線内と白浜から先は振子装置を使わないため、スピードアップされたのは和歌山〜白浜間だけで、天王寺〜新宮間は約4時間を要したが、それまでのディーゼル特急よりは30分スピードアップされた。◎下里〜紀伊浦神　1978（昭和53）年10月20日

冷水浦付近の海岸線を行く113系の普通電車。紀勢本線の普通電車はデイタイムには天王寺から直通し、阪和線内は快速として運転され天王寺～和歌山間52分で現在より速かった。背後に海南コンビナート地帯が見える。◎冷水浦～加茂郷　1980年頃

太平洋の荒波が打寄せる切目～岩代間の海岸線を行く113系2000番台の紀勢本線普通電車。1978年10月の紀勢本線電化後は天王寺～御坊、紀伊田辺間に113系の直通普通電車が運転され、阪和線内は快速として運転された。◎切目～岩代　1980年頃

紀勢本線を走るEF58 149（竜華機関区）が牽引する天王寺発白浜行き臨時急行「きのくに52号」（天王寺8:31ー白浜11:44、1979年時点の時刻）。12系客車7両編成。1978（昭和53）年10月の紀勢本線和歌山～新宮間電化で客車列車はEF58が牽引した。
◎岩代～南部　1980年頃

太平洋沿いの岩代～南部間を走る紀勢本線の165系普通電車。1986（昭和61）年11月改正時から紀勢本線の普通電車の一部が165系となり、2002年3月まで運行された。◎撮影日不詳

紀勢本線の天王寺発白浜、新宮方面へのキハ58系ディーゼル急行。紀勢本線の複線化は1960年代に入ってから進み、1967(昭和42)年に初島まで完成した。和歌山～紀伊田辺間の複線化は1978(昭和53)年1月である。◎冷水浦～加茂郷　1960年代

紀勢本線の冷水浦付近を行く上り準急「きのくに」(白浜発天王寺行き) キハ58が先頭だがキハ55、キロ28も加わっている。◎冷水浦　1964 (昭和39) 年4月

紀勢本線冷水浦付近を走るDF503（亀山機関区）が牽引する普通列車。電化前の紀勢本線は客車列車、貨物列車をDF50形ディーゼル機関車が牽引した。◎1970年代

1985（昭和60）年3月改正から急行「きのくに」が廃止され、すべてが特急「くろしお」となったが、一部は交直流485系電車が転用され4両単位となった。天王寺寄りにはサハ481、489に運転台と前面貫通路を取り付けたクハ480が連結され、2編成併結の時は貫通路を使用して通り抜け可能になった。「くろしお」の485系は翌1986年11月に福知山線、山陰本線に転用された。◎1985年頃

1994年6月から紀勢本線普通電車の一部に103系が投入され、和歌山〜紀伊田辺間で運行されたが、100㎞近い距離にもかかわらずトイレがないなどサービス上の問題が多く、1999年5月から海南発和歌山行1本を残して取りやめとなった。紀勢本線103系はATSが他線と異なるため、識別のため前面に白帯が入った。◎岩代〜南部　1995年頃

紀勢本線、阪和線の時刻表　（1960（昭和35）年3月1日訂補）

◇　◇　紀伊田辺←→和歌山市・天王寺　99

下り 上り 紀勢本線・阪和線

125	103	105	319	117	107	321	119	109		905	323	129	325	133	327	駅名
長島 5 27	新宮 9 30	白浜口 13 15	…	多気 6 52	白浜口 14 45	…	新宮 12 18	白浜 16 40	…	名古屋 9 30	…	新宮 14 50	…	新宮 16 30	紀井椿 20 40	始発
11 20	12 10	13 30	…	13 54	15 05	┌	15 55	16 54	…	17 24	┌	18 10	┌	20 04	21 07	紀伊田辺
11 27	レ	レ	…	14 02	レ	2・3	16 03	レ	…	レ	2・3	18 17	2・3	20 12	21 17	芳養
11 35	12 24	2・3	…	14 09	15 21	…	16 10	レ	…	17 36	…	18 25	…	20 20	21 25	南部
11 46	2・3	準急	…	14 17	2・3	…	16 18	2・3	…	2・3	…	18 36	…	20 27	21 31	岩代
11 55	準急	園	…	14 26	準急	…	16 27	準急	…	準急	…	18 45	…	20 36	21 40	切目
12 07	（はたやま）	（第1きのくに）	…	14 33	（しらはま）	…	16 34	園（第2きのくに）	…	（くまの）	…	18 55	…	20 45	21 46	印南
12 14			…	14 40		…	16 42		…		…	19 02	…	20 52	21 53	稲原
12 27			…	14 54		…	16 59		…		…	19 13	…	21 03	22 03	和佐
12 34	レ	レ	…	15 02	レ	…	17 06		…		…	19 20	…	21 10	22 09	道成寺
12 38	13 01	レ	…	15 05	16 00	…	17 09		…	18 12	…	19 24	…	21 13	22 12	御坊
12 40	13 02	レ	…	15 08	16 02	…	17 13	レ	…	18 13	…	19 26	…	21 15	園	御坊
12 46	レ	レ	…	15 13	レ	…	17 18	レ	…	レ	…	19 31	…	21 20	…	紀伊内原
12 55	レ	レ	園	15 22	レ	…	17 29	レ	…	レ	…	19 40	園	21 30	…	紀伊由良
13 10	13 23	レ	14 54	15 37	16 25	17 02	17 58	レ	…	18 34	…	19 55	21 20	21 44	…	紀伊湯浅
13 15	レ	レ	15 00	15 42	レ	17 10	18 07	レ	…	レ	…	20 00	21 25	21 50	…	藤並
13 21	レ	レ	15 06	15 48	レ	17 16	18 13	レ	…	レ	…	20 06	21 30	21 56	…	紀伊宮原
13 27	13 37	レ	15 12	15 54	16 39	17 22	18 19	レ	…	18 48	…	20 13	21 35	22 02	…	箕島
13 45	13 37	レ	15 13	15 56	16 40	17 23	18 21	レ	…	18 48	…	20 15	21 36	22 04	…	箕島
13 51	レ	レ	15 18	16 01	レ	17 27	18 26	レ	…	レ	園	20 20	21 40	22 08	…	初島
13 57	レ	レ	15 25	16 07	16 48	17 34	18 33	レ	（経由難波着1941 客車の一部南海電鉄）	18 56	19 15	20 27	21 45	22 15	…	下津
14 05	レ	レ	15 36	16 12	レ	17 42	18 38	レ		レ	19 19	20 39	21 53	22 20	…	加茂郷
レ	レ	レ	15 41	レ	レ	レ	レ	レ		レ	19 24	レ	21 58	レ	…	冷水浦
14 15	13 58	レ	15 48	16 22	17 00	17 53	18 49	レ		19 07	19 29	20 49	22 03	22 29	…	海南
14 23	レ	レ	15 54	16 30	レ	18 04	18 57	レ		レ	19 36	20 57	22 09	22 37	…	紀三井寺
レ	レ	レ	15 58	レ	レ	レ	レ	レ		レ	19 40	レ	22 13	レ	…	宮前
14 30	14 10	15 03	16 02	16 37	17 14	18 11	19 04	18 27		19 20	19 44	21 04	22 17	22 44	…	東和歌山
				17			19	9		921						
14 31	‖	‖	16 06	16 38	‖	18 12	19 05	18 33		19 35	19 48	21 06	22 18	22 48	…	東和歌山
14 35	‖	‖	16 09	16 42	‖	18 16	19 09	18 37		19 39	19 52	21 10	22 22	22 52	…	和歌山
14 40	‖	‖	16 14	16 56	‖		19 16	18 43	↱	19 46		21 20	22 27	22 57	…	和歌山市
…	14 16	15 05	…	16 42	17 20	…	19 10	18 30	…	19 24	…	…	…	…	…	東和歌山
…	レ	レ	…	レ	レ	…	19 53	レ	…	レ	…	…	…	…	…	鳳
…	15 12	15 58	…	17 55	18 35	…	20 08	19 19	…	20 20	…	…	…	…	…	天王寺

┌	106	116	320	322	108	132	324	118	134	326	80	120	328	912	110	駅名
◇	12 50	13 50	…	…	16 30	…	…	17 20	…	…	…	20 00	…	22 00	23 00	天王寺
…	レ	レ	…	…	レ	…	…	レ	…	…	…	レ	…	レ	レ	鳳
…	13 40	15 04	…	…	17 19	…	…	18 25	…	…	…	20 57	…	23 14	0 03	東和歌山
	6	16		園	園（南紀）			18				20		932		
↱（難波発1230 客車の一部南海電鉄）	13 29	14 50	…	15 54		17 23	園	18 11	19 06	園	…	20 40	↱（難波発2155 客車の一部南海電鉄）	23 09	‖	和歌山市
	13 33	14 56	15 22	15 59		17 29	17 52	18 17	19 17	20 08	…	20 47		23 18	‖	和歌山
	13 37	15 00	15 26	16 03		17 33	17 55	18 21	19 21	20 12	…	20 51		23 22	‖	東和歌山
	13 46	15 11	15 27	16 05	17 23	17 35	17 56	18 32	19 29	20 14	…	21 04		23 27	0 15	東和歌山
	2・3	2・3	レ	16 09	2・3	レ	17 59	2・3	レ	20 18	…	レ		2・3	2・3	宮前
	準急	15 18	15 36	16 14	準急	17 42	18 03	18 39	19 36	20 22	…	21 11		23 34	準急	紀三井寺
	園	15 26	15 47	16 24	17 34	17 52	18 18	18 48	19 45	20 28	…	21 19		23 41	（はたやま）	海南
	（第2きのくに）	レ	レ	16 29	レ	レ	18 23	レ	レ	20 33	…	レ		レ		冷水浦
		15 35	16 01	16 35	レ	18 01	18 28	19 01	19 54	20 39	…	21 28		23 51		加茂郷
		15 40	16 08	16 49	17 44	18 09	18 32	19 06	20 02	20 43	…	21 33		23 55	レ	下津
		15 46	16 15	16 54	レ	18 16		19 13	20 08	20 48	…	21 41		0 02	レ	初島
…	レ	15 50	16 20	16 57	17 51	18 20	…	19 17	20 12	20 52	…	21 45	…	0 06	レ	箕島
…	レ	15 55	16 23	16 58	17 51	18 23	…	19 20	20 14	20 52	…	21 47	…	0 08	レ	箕島
…	レ	16 02	16 25	17 04	18 01	18 30	…	19 28	20 21	20 58	…	21 57	…	0 15	レ	紀伊宮原
…	レ	16 08	16 43	17 09	レ	18 40	…	19 34	20 28	21 03	…	22 04	…	0 21	レ	藤並
…	14 28	16 14	16 50	17 14	18 10	18 46	…	19 40	20 33	21 07	…	22 13	…	0 27	レ	紀伊湯浅
…	レ	16 32		17 28	18 24	19 06	…	20 02	20 47		…	22 27	…	0 41	レ	紀伊由良
…	レ	16 41	…	17 39	レ	19 15	…	20 10	20 56	…	…	22 35	…	レ	レ	紀伊内原
…	レ	16 45	…	17 43	18 34	19 19	…	20 14	21 00	…	…	22 39	園	0 53	1 43	御坊
…	レ	16 47	…	17 47	18 34	19 24	…	20 16	…	…	21 18	…	22 45	0 56	1 46	御坊
…	レ	16 51	…	17 55	レ	19 28	…	20 20	…	…	21 27	…	22 48	レ	レ	道成寺
…	レ	16 58	…	18 06	レ	19 35	…	20 27	…	…	21 36	…	22 54	レ	レ	和佐
…	レ	17 10	…	18 16	レ	19 47	…	20 38	…	…	21 54	…	23 04	レ	レ	稲原
…	レ	17 20	…	18 21	レ	19 53	…	20 44	…	…	22 03	…	23 10	1 23	レ	印南
…	レ	17 28	…	18 27	レ	20 00	…	20 52	…	…	22 12	…	23 16	レ	レ	切目
…	レ	17 42	…	18 37	レ	20 12	…	21 01	…	…	22 26	…	23 24	レ	レ	岩代
…	レ	17 50	…	18 44	19 10	20 20	…	21 09	…	…	22 36	…	23 31	1 46	レ	南部
…	レ	17 57	…	18 51	レ	20 28	…	21 16	…	…	22 46	…	23 38	レ	レ	芳養
…	15 29	18 03	…	18 56	19 21	20 34	…	21 22	…	…	22 53	…	23 43	1 59	2 53	紀伊田辺
…	白浜 15 41	新宮 21 20	…	紀伊椿 20 03	新宮 21 33	…	…	周参見 22 18	…	…	…	…	…	名古屋 12 13	新宮 5 30	終着

特殊弁当…東和歌山駅 小鯛すずめずし（100円） 紀伊田辺駅 あしべずし（100円） 熊野さばずし（100円） たいずし（100・150円）

名産…東和歌山駅 駿河屋ようかん（30円） 和歌浦八景（110円） 饒饅頭（10円） 大納言（200円） 紀の国もなか（100円） 五十五万五千石（130円）

紀勢本線は前年1959（昭和34）年7月に全線開通し、時刻表にもそれが反映している。「くまの」は前年7月の紀勢本線全線開通で運転開始した紀伊半島を一周する名古屋発天王寺行き客車準急で、亀山～紀伊田辺間はディーゼル機関車（DF50）が牽引した。ディーゼル準急「きのくに」はキハ55系による全車座席指定の温泉準急。週末の準急券は入手難で、難波発着の南海車両（キハ5500形）を東和歌山（現・和歌山）で分割併合した。天王寺発22時の名古屋行き夜行普通列車も運転され、難波発の南海の客車（サハ4801）を東和歌山で連結した。ディーゼル準急は阪和線内ノンストップ最短49分で、阪和電鉄時代の「超特急」45分には及ばなかった。

3章
山陽本線と沿線

正面３枚窓の初期のクハ86を先頭にした山陽本線80系ローカル電車。３両目に１等車サロ85を格下げしたサハ85を連結している。山陽本線の80系は1978～79年まで活躍した。◎相生～竜野　1977（昭和52）年10月

山陽本線

山陽本線の165系上り急行「とも」（三原～新大阪）最後部はクハ165。「とも」は名勝鞆の浦から取られた愛称。◎1970（昭和45）年頃

御着～姫路間の市川鉄橋を渡るディーゼル急行「但馬2号」（鳥取～大阪、播但線経由）写真の手前側には山陽新幹線の高架線が平行している。御着～姫路　1980（昭和55）年9月15日

P
U.coffee
二五
オープン
喫茶
レストラン
二五
50
高

複々線区間の電車線を行く103系上り電車吹田行き。103系の正面方向幕は1970年代後半から行先駅名を表示するようになった。画面上部の駅は山陽電鉄滝の茶屋でホームから明石海峡と淡路島を一望できる駅として有名。この付近は山陽電鉄、国鉄列車線、国鉄電車線が階段状に並び「三段の輸送幹線」と呼ばれた。◎塩屋～垂水　1980年代

山陽線の景勝地、須磨～塩屋間の海岸線を行く下り153系急行「ながと」下関行き。光線状態から新大阪発午後の「ながと２号」（新大阪14:08－下関22:39）である。この区間（兵庫以西）は線路別複々線区間で手前の２線が列車線（長距離列車と貨物列車）向こう側の２線が電車線（快速と普通電車）である。５両目がビュフェと普通車の合造車サハシ153形で「寿司スタンド」があった。
◎須磨～塩屋　1970年代

国鉄最後の新車213系の試運転。川崎重工で製造され試運転のマークがついている。写真右（大阪方）からクモハ213-サハ213-クハ212。2ドア転換式クロスシートで宇野線快速に使用され、翌1988（昭和63）年4月から瀬戸大橋線開通に伴い岡山～高松間快速マリンライナーに使用された。写真右の建物は国鉄（→JR西日本）鷹取工場で2000年3月に閉鎖）
◎鷹取　1987（昭和62）年3月

舞子公園付近で82系ディーゼル特急上り「みどり」（博多7:25－大阪16:20）とEH10牽引の貨物列車がすれちがう。特急「みどり」は1961（昭和36）年10月改正で登場したが、運転開始は同年12月中旬からだった。大阪で東海道本線の電車特急下り「第1こだま」、上り「第2つばめ」に接続し、東京～博多間の「日着」が可能になったが乗り継ぎ客はほとんどなく、通しの特急券も発売されなかった。◎垂水～舞子　1962（昭和37）年

舞子公園付近を行く82系下りディーゼル特急「みどり」（大阪13:40－博多22:35）東京発7時の特急「第1こだま」に接続する東京～博多間日着列車だった。当時、山陽本線は全線電化されていなかったが、全線を走破するディーゼル列車は特急「かもめ」「みどり」だけだった。◎舞子　1962（昭和37）年1月28日

山陽本線の上りディーゼル準急。先頭と3両目がキハ58、2両目が準急色のキハ55。列車は上井（現・倉吉）発の因美線、姫新線経由大阪行き準急「みささ」（上井10:10－大阪15:50）と月田発の姫新線経由大阪行き準急「みまさか2号」（月田11:40－大阪15:50）を津山で連結した。高速道路がなかった時代は大阪と中国地方各地を結ぶ準急が運転された。◎舞子　1962（昭和37）年1月28日

御着～姫路間の市川鉄橋を渡る上り117系新快速電車。153系を使用していた新快速電車は1980（昭和55）年1月から2ドア、転換式クロスシートの117系電車への置き換えが始まり、同年7月に完了した。特急なみの車内設備で当時の国鉄としては破格のサービスだったが、113系では平行私鉄に対抗できないとの大鉄局（大阪鉄道管理局）の強い要望によるものである。◎御着～姫路　1980（昭和55）年5月15日

山陽本線の上郡～三石間は駅間距離12.8㎞、東海道本線と山陽本線を通じ最長である。兵庫県と岡山県境の船坂峠をトンネルで抜けると耐火煉瓦の街として知られる三石にさしかかる。工場を眺めながら大きくカーブして走る153系の下り四国連絡準急「鷲羽」（大阪～宇野間）。1961年10月改正以降は4往復が運行。◎三石　1962（昭和37）年12月16日

京都と山陰を伯備線経由で結ぶ急行「だいせん」は1962（昭和37）年10月、キハ58系によるディーゼル急行となった（京都10:40ー大社18:24）。同年9月には赤穂線が全線開通し翌1963年4月から「だいせん」は赤穂線播州赤穂経由となり、三石で「だいせん」を見られたのは約半年だった。◎三石～吉永　1960年代前半

山陽本線の三石付近の大カーブを通過し県境の船坂トンネルへ向かう82系上りディーゼル特急「みどり」（博多7:25－大阪16:20）。大阪で16:30発の特急「第2こだま」に接続し、東京へは23:00に到着したが乗り継ぎ客はほとんどなかった。◎三石 1962（昭和37）年12月16日

加古川線

加古川線管理所に待機するC11 199とディーゼル車キハ20、キハ35。加古川線は旧播丹鉄道で戦時中に国有化され加古川線になった。立地条件や沿線風景が相模線（旧相模鉄道）に似ている。2004（平成16）年12月に全線電化された。◎加古川線管理所　1971（昭和46）年12月15日

播但線

寺前を発車するC57 11（豊岡機関区）が牽引する上り貨物列車。播但線は生野付近に急勾配があるが貨物列車も旅客用C57が牽引した。1998年3月に姫路～寺前間が電化され、現在では寺前が電車とディーゼル車の乗り換え駅になっている。
◎寺前　1971（昭和46）11月14日

播但線は通勤時間帯を中心に客車列車が多数運転された。1978年からは50系客車が投入されDE10形ディーゼル機関車が牽引した。◎寺前〜新野　1983（昭和58）年10月　撮影：安田就視

播但線のディーゼル列車。キハ35-キハ47-キハ40の3両。背後に市川が流れ播但連絡道路が見える。
◎福崎～甘地　1981（昭和56）年2月16日　撮影：安田就視

播但線新井～行野間の勾配を白煙とともに重連の蒸気機関車が牽引する旅客列車が力強く走行する。
◎1972（昭和47）年2月5日　撮影：安田就視

キハ35-キハ36-キハ20の播但線ローカル列車。◎1970年頃

赤穂線

赤穂線を行く湘南色115系6両編成。日生の東側で石谷川を渡る。次の日生は駅前から小豆島へのフェリーが発着する。赤穂線は1962年9月に全線開通、1969年10月に全線電化し、山陽本線のバイパスの役割もある。◎寒河～日生　1981(昭和56)年12月14日　撮影:安田就視

姫新線

姫新線のローカル列車。険しさのない緩やかな山地に囲まれた中国地方特有の田園風景の中を行く。先頭からキハ35-キハ40-キハ20-キハ55（急行色）。通勤形、近郊形、旧準急形が連結されるが、特急形以外はあらゆる車種が連結可能なことが国鉄形ディーゼル車の特徴だった。◎西来栖～三日月　1981（昭和56）年11月　撮影：安田就視

揖保川を渡るキハ47形2両の姫新線ローカル列車。背後の崖には「觜崎磨崖仏」と呼ばれる石仏がある。姫新線は2010年3月に姫路〜上月間で高速化工事が完成し、キハ122、キハ127形が登場した。◎東觜崎〜播磨新宮　1986（昭和61）年8月8日　撮影：安田就視

高砂線

高砂線は加古川と高砂港を結び、貨物の積出しが目的の臨港線だった（高砂〜高砂港は貨物線）。旧播丹鉄道で戦時中に国有化され高砂線となった。1984年11月末限りで全線廃止。途中の野口で別府(べふ)鉄道と接続していた。左は高砂線キハ35ーキハ20。右が別府鉄道野口線のキハ101（元国鉄キハ41000形）。別府鉄道も1984年1月末限りで廃止。◎野口　1983（昭和58）年10月28日　撮影：安田就視

加古川気動車区は加古川線、高砂線、三木線、北条線、鍛冶屋線のディーゼル車の基地であった。塗装も国鉄時代末期の朱色（赤5号、通称タラコ色）に統一されている。キハ30とキハ20が並ぶ。◎1980（昭和55）年9月15日

29

加古川鉄橋を渡る国鉄高砂線のキハ30-キハ37。高砂線は加古川〜高砂港間を結び（高砂〜高砂港間は貨物線）。写真後方は山陽電鉄で尾上の松付近から電鉄高砂の手前まで平行していた。高砂線は1984（昭和59）年1月末に高砂〜高砂港間が、同年12月に加古川〜高砂間6.3kmが廃止された。山陽新幹線の高架線が遠望できる。◎尾上〜高砂北口　1984（昭和59）年3月18日

北条線

北条線の終点北条町駅で待機するキハ30とキハ20。行き止り式で構内に貨物ホームや倉庫がある。旧播丹鉄道で戦時中に国有化されて北条線となった。1985（昭和60）年4月、第3セクター北条鉄道となり、北条町駅は2001年に約100m南に移動して新駅舎になった。
◎1981（昭和56）年4月17日　撮影：安田就視

三木線

厄神を発車する三木線のキハ35-キハ20の２両編成。画面右に加古川線が見える。◎厄神付近　1981（昭和56）年4月18日　厄神付近　撮影：安田就視

加古川線厄神と「金物の町」三木を結んでいた三木線も旧播丹鉄道で戦時中に国有化された。終点三木で待機するキハ20。1985年4月、第3セクター三木鉄道となったが、2008(平成20)年3月末日限りで廃止された。三木駅は神戸電鉄粟生線三木駅と約800m離れていたが、その神戸電鉄粟生線も乗客減に直面している。◎三木　1981(昭和56)年4月16日　撮影:安田就視

鍛冶屋線

鍛冶屋線は野村（現・西脇市）と鍛冶屋を結んでいた。旧播丹鉄道で戦時中に国有化された。第3セクター鉄道にはならず、1985（昭和60）年3月末日に廃止された。郵便荷物室との合造車キハユニ15を先頭にした鍛冶屋線列車。キハユニ15はいわゆる湘南スタイルでファンに人気があった。◎市原～羽安　1980（昭和50）年9月　撮影：安田就視

【著者プロフィール】
野口昭雄（のぐち あきお）
1927（昭和２）年12月大阪生まれ。
1945（昭和20）年３月大阪商業学校を卒業、日本国有鉄道に入職し、吹田工場に勤務。
1951（昭和26）年３月摂南工業専門学校（現・大阪工業大学）電気科を卒業。
1979（昭和54）年、国鉄吹田工場を退職後、国鉄グループ会社（現・JR西日本グループ）の関西工機整備株式会社に1994（平成６）年まで勤務。
永年にわたり鉄道友の会会員。同会の阪神支部長等を歴任。

【解説】
山田 亮（やまだ あきら）
1953（昭和28）年生まれ。慶應義塾大学法学部卒業後、地方公務員となる。慶應義塾大学鉄道研究会OB、鉄研三田会会員。鉄道研究家として、特に鉄道と社会の関わりに関心を持つ。
1981年「日中鉄道友好訪中団」（竹島紀元団長）に参加し、北京および中国東北地区（旧満州）を訪問。
1982年、フランス、スイス、西ドイツ（当時）を「ユーレイルパス」で鉄道旅行。車窓から見た東西ドイツの国境に強い衝撃をうける。
2001年、三岐鉄道（三重県）70周年記念コンクール「ルポ（訪問記）部門」で最優秀賞を受賞。
現在、日本国内および海外の鉄道乗り歩きを行う一方で、「鉄道ピクトリアル」などの鉄道情報誌に鉄道史や列車運転史の研究成果を発表している。
（主な著書）
『相模鉄道 街と駅の一世紀』（2014、彩流社）
『上野発の夜行列車・名列車、駅と列車のものがたり』（2015、JTBパブリッシング）
『南武線、鶴見線、青梅線、五日市線、1950～1980年代の記録』（2017、アルファベータブックス）
『常磐線 街と鉄道、名列車の歴史探訪』（2017、フォト・パブリッシング）
『1960～70年代、空から見た九州の街と鉄道駅』（2018、アルファベータブックス）
『中央西線 1960年代～90年代の思い出アルバム』（2019、アルファベータブックス）
『関西の私鉄 昭和30年代～50年代のカラーアルバム』（2019、フォト・パブリッシング）

【執筆協力】
清水祥史

【写真提供】
小川峯生、高野浩一、長渡 朗、安田就視

【時刻表画像】
国立国会図書館

関西の国鉄
昭和30年代～50年代のカラーアルバム

2019年10月5日　第1刷発行

著　者……………………野口昭雄
発行人……………………高山和彦
発行所……………………株式会社フォト・パブリッシング
〒161-0032　東京都新宿区中落合2-12-26
TEL.03-5988-8951　FAX.03-5988-8958
発売元……………………株式会社メディアパル
〒162-8710　東京都新宿区東五軒町6-24
TEL.03-5261-1171　FAX.03-3235-4645
デザイン・DTP………柏倉栄治（装丁・本文とも）
印刷所……………………株式会社シナノパブリッシングプレス

ISBN978-4-8021-3163-6 C0026

本書の内容についてのお問い合わせは、上記の発行元（フォト・パブリッシング）編集部宛ての
Eメール（henshuubu@photo-pub.co.jp）または郵送・ファックスによる書面にてお願いいたします。